ESTIMAÇÃO DE ESTADOS

Blucher

Igor Delgado de Melo

ESTIMAÇÃO DE ESTADOS

Uma abordagem sistêmica sobre qualidade de energia

Estimação de estados: uma abordagem sistêmica sobre qualidade de energia

Editora Edgard Blucher Ltda.

Publisher Edgard Blücher
Editor Eduardo Blücher
Coordenação editorial Jonatas Eliakim
Produção editorial Ariana Corrêa
Preparação de texto Maurício Katayama
Diagramação Matheus Eduardo Laste
Revisão de texto Catarina Tolentino
Capa Leandro Cunha
Imagem da capa iStockphoto

Blucher

Rua Pedroso Alvarenga, 1245, 4° andar
04531-934 – São Paulo – SP – Brasil
Tel 55 11 3078-5366
contato@blucher.com.br
www.blucher.com.br

Segundo Novo Acordo Ortográfico, conforme 6. ed. do *Vocabulário Ortográfico da Língua Portuguesa*, Academia Brasileira de Letras, 21 de julho de 2021.

Dados Internacionais de Catalogação na Publicação (CIP)
Angélica Ilacqua CRB-8/7057

Melo, Igor Delgado de
Estimação de estados: uma abordagem sistêmica sobre qualidade de energia / Igor Delgado de Melo. - São Paulo: Blucher, 2022.
150 p.

Bibliografia
ISBN 978-65-5506-552-7 (impresso)
ISBN 978-65-5506-553-4 (eletrônico)

1. Engenharia elétrica 2. Sistemas de energia elétrica 3. Estimação de estado 4. Redes elétricas inteligentes 5. Circuitos elétricos I. Título.

22-2372

Índices para catálogo sistemático:
1. Engenharia elétrica – Estimação de dados

Pensamos demasiadamente e sentimos muito pouco. Necessitamos mais de humildade que de máquinas. Mais de bondade e ternura que de inteligência. Sem isso, a vida se tornará violenta e tudo se perderá

Charles Chaplin, 1889-1977.

AGRADECIMENTOS

No limiar desta obra, gostaria de agradecer a Deus por permitir que este projeto fosse concluído com êxito, à Editora Blucher por ter acreditado nele e por ter-me permitido a oportunidade de trabalhar com uma equipe tão compromissada e atenciosa.

Aos meus familiares, agradeço pela companhia, apoio e por dividir esta trajetória comigo.

A Vitor Pereira de Almeida por dedicar tempo para me incentivar a fim de que este projeto fosse realizado e por compartilhar todas as experiências envolvendo cada etapa desta obra.

Aos amigos que me incentivaram e acompanharam a minha trajetória acadêmica, especialmente Matheus Antunes Pereira, Bráulio César de Oliveira, Matheus Alberto de Souza, Abílio Manuel Variz, João Alberto Passos Filho, Carlos Alberto Duque, Camile Arêdes, Cândida Meneghin, Tatiane Lopes, Leandro Araújo Ramos, Débora Rosana Araújo, Kaique Vitor, Mário Sérgio, Luciana Vilella e Rosane Delgado.

Aos meus orientandos que confiaram em mim para orientar a elaboração de suas pesquisas, permitindo que me aprofundasse nos assuntos descritos neste livro com eles, incluindo Mariana Oliveira Novais Teixeira, Jeanderson Soares Mingorança, Letícia de Souza Lacerda, Heitor Rodrigues Magno Junior, Robert William de Souza, Vinícius Diogo Moreira, Luana de Oliveira, Glauber Valle, Rafaela Faria e Mariana Escarati.

A todos os membros participantes do GEPEQE (Grupo de Pesquisas e Estudos em Qualidade de Energia) e os colegas do Departamento de Energia da Faculdade de Engenharia da Universidade Federal de Juiz de Fora (UFJF).

Ao professor José Luiz Rezende Pereira (*in memoriam*) por ter me ensinado os conceitos essenciais para a elaboração deste livro, por ter me orientado durante o processo de doutoramento e despertado em mim o interesse por pesquisa e por sistemas elétricos de potência. Além disso, agradeço imensamente por todo o ensinamento, amizade e companheirismo, que ficarão marcados para sempre em minha memória.

Agradeço a todos os meus alunos da UFJF, que me inspiram dia após dia a procurar novos caminhos para aprender e ensinar constantemente.

APRESENTAÇÃO

Devido à introdução de novos tipos de cargas nos sistemas de potência, com características não lineares, há uma necessidade crescente de se estabelecer sistemas de monitoramento que permitam avaliar em tempo real o estado operativo das redes elétricas, o qual é caracterizado pela determinação de grandezas elétricas como fasores de tensão em cada ponto notável e correntes passantes pelas linhas de transmissão. Tal procedimento garante maior confiabilidade aos procedimentos realizados rotineiramente pelo Operador Nacional do Sistema (ONS), incluindo a análise de contingências, controle de tensão, despacho ótimo, avaliação da estabilidade de tensão e frequência.

Tradicionalmente, os sistemas de monitoramento são estabelecidos através do uso dos sistemas Scada (*Supervisory Control and Data Acquisition*), compreendendo um *software* em que são reunidas várias informações coletadas em campo acerca de variáveis elétricas como tensões, correntes e potências mensuradas nos locais em que medidores são instalados, possibilitando rastrear grandezas elétricas ao longo do tempo.

A inovação tecnológica permite que sistemas de monitoramento sejam implementados utilizando técnicas e medidores tradicionais e, também, possam ser mesclados com arquiteturas modernas que se valem de medições fasoriais sincronizadas, as denominadas PMUs (*phasor measurement units*). Com taxas de amostragem e envio aos centros de controle superiores aos medidores convencionais, esses equipamentos permitem que fasores de tensão e corrente possam ser mensurados em intervalos de tempo menores, sendo as medições caracterizadas por elevada acurácia e sincronismo umas com as outras. Tal característica garante que as informações coletadas em pontos geograficamente distantes estejam sincronizadas pelo uso do GPS (*Global Positioning System*), comumente sendo usado o protocolo IRIG-B para estabelecer a comunicação e aquisição de dados.

Apesar de todos os benefícios trazidos pelas tecnologias emergentes nos dias atuais, há urgência em implementar sistemas de monitoramento realmente eficazes, precisos e eficientes de tal forma que, a partir da instalação de um número mínimo de medidores, possa-se estimar as grandezas elétricas de interesse, permitindo um acompanhamento delas continuamente. Para efetuar tal processo, destaca-se o uso de técnicas matemáticas baseadas no método dos mínimos quadrados ponderados (MQP), otimização por programação não linear (PNL) e filtros de Kalman. Valendo-se dessas ferramentas, aliadas às equações algébricas do fluxo de potência em uma rede elétrica, estabelecem-se os denominados algoritmos de estimação de estados.

A Estimação de Estados (EE) é, portanto, a base para a implementação de um sistema de monitoramento em um centro de controle. A partir do conhecimento da topologia do sistema de potência, sua configuração e parâmetros de impedâncias de linhas, cabos e máquinas, é possível utilizar um número mínimo de informações mensuradas em tempo real para determinar o estado mais provável do sistema. Dessa forma, como resposta, o EE fornece as variáveis elétricas de interesse, como as tensões fasoriais em cada ponto notável do sistema, ou as correntes passantes em todos os ramais, tanto para os pontos nos quais há medidores alocados como para aqueles desprovidos de instrumentação, aliando economicidade a partir da instalação de um número reduzido de sensores e robustez numérica capaz de processar uma grande quantidade de dados advinda de medidores com classes de exatidão diferentes entre si. A partir do resultado da EE, é possível, de fato, executar outras funções essenciais como fluxo de potência ótimo, análise de contingências, segurança e estabilidade de tensão, frequência e angular.

Atualmente, além de serem implementados nos sistemas de transmissão, há um crescente número de algoritmos e técnicas que almejam estabelecer sistemas de monitoramento a partir da estimação de estados nos sistemas de distribuição de média e baixa tensão, permitindo que o conceito de redes elétricas inteligentes (do inglês, *smart grids*) seja efetivamente estabelecido. Para tanto, discussões sobre acessibilidade e segurança de dados devem ser levadas em consideração, além de aspectos tecnológicos e de implementação prática de algoritmos que permitam mesclar informações advindas de medidores inteligentes instalados em baixa tensão e medidores fasoriais sincronizados, os quais podem auxiliar no monitoramento das subestações tradicionais e digitais fornecendo subsídios para o estabelecimento de sistemas de monitoramento contínuo de variáveis elétricas e acerca da qualidade de energia fornecida aos consumidores pelas concessionárias e transmissoras de energia.

Se os sistemas de potência fossem todos monitorados em tempo real, bem como sua qualidade de energia, haveria uma redução de problemas como indisponibilidade de energia, falhas de equipamentos e mau funcionamento dos sistemas de proteção devido à possibilidade de estimar e prever estados operativos de redes elétricas.

Este livro apresenta técnicas tradicionais para a estimação de estados, além de mostrar a inovação nos algoritmos e conceitos emergentes trazidos junto às redes elétricas inteligentes bem como o uso de medições fasoriais na estimação de estados, monitoramento de qualidade de energia e adaptações necessárias para estimar grandezas elétricas em redes de distribuição com topologia radial.

Destaca-se como inovação e contribuições desta publicação a apresentação de novas soluções e algoritmos híbridos que permitem mesclar diferentes tipos de medição a fim de estimar em tempo real as tensões e correntes de um sistema bem como distorções harmônicas com o objetivo de manter padrões de qualidade de energia, respeitando as normas vigentes nacionais, como o módulo 8 do Prodist e os procedimentos de redes do ONS.

O livro apresenta diversos casos de estudo e exemplos de aplicação em cada capítulo a fim de auxiliar o aprendizado sobre as ferramentas analíticas apresentadas, contendo figuras e exercícios criados com exclusividade para esta obra, todas pertencentes ao acervo do autor.

Igor Delgado de Melo

Juiz de Fora, 20 de janeiro de 2022

CONTEÚDO

CAPÍTULO 1

ANÁLISE DA SEGURANÇA EM SISTEMAS DE POTÊNCIA

1.1 CONSIDERAÇÕES INICIAIS

A análise da segurança em sistemas elétricos de potência (SEPs) compreende uma série de ferramentas essenciais para o funcionamento correto de uma rede elétrica [1, 2]. As funcionalidades básicas em um centro de controle são destinadas à operação e planejamento de SEPs, baseados em algoritmos computacionais que visam garantir o fornecimento de energia de maneira adequada e segura sob o ponto de vista operacional, respeitando limites que garantam a qualidade de energia. Esses limites são impostos por normativas nacionais e internacionais que determinam valores máximos e mínimos para tensões em regime permanente, variações de tensão de curta duração (VTCDs), desvios de frequência e distorções harmônicas, por exemplo [3].

Como mostrado na Figura 1.1 a seguir, as principais funcionalidades que permitem a análise de redes incluem fluxo de potência, fluxo de potência ótimo (FPO), despacho da geração, análise de contingências incluindo retirada ou perda de transformadores, unidades de geração e linhas de transmissão. Além disso, é necessário garantir a operação eficaz dos sistemas por meio da avaliação da segurança e estabilidade de tensão com o propósito de verificar a proximidade do ponto operativo à instabilidade. Assim, determinando uma margem de carregamento aceitável para que a rede mantenha seus limites operacionais e físicos de equipamentos dentro de padrões recomendados por normas a fim de evitar os eventos popularmente conhecidos como "blecautes", os quais resultam na indisponibilidade do fornecimento de energia para a sociedade. A identificação de barras críticas, nesse contexto, também é primordial a fim de detectar possíveis pontos notáveis do sistema que necessitem de reforço para evitar danos indesejados às máquinas, instalações elétricas e dispositivos conectados à rede.

A execução de algoritmos que visam atender a todas essas funcionalidades essenciais é altamente dependente do processo de estimação de estados, o qual é reconhecido como a função primordial para a operação dos SEPs. A estimação de estados (EE) viabiliza todas as outras aplicações em um centro de controle, habilitando a execução de todas as ferramentas que permitem analisar a segurança da rede continuamente [4].

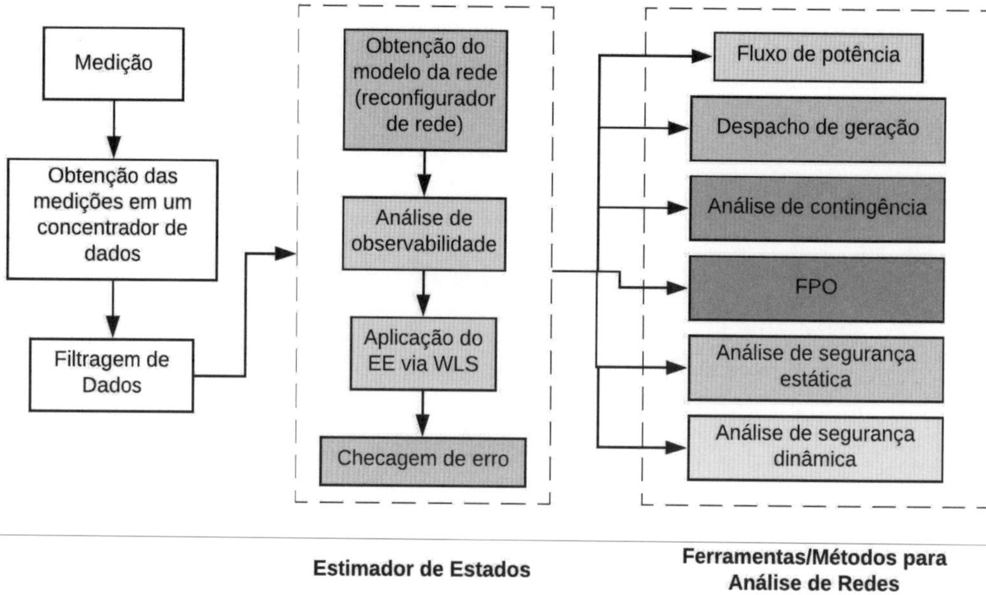

Figura 1.1 – Funcionalidades em um centro de controle.

O estimador de estados é o algoritmo implementado em um centro de controle de um sistema de potência a ser monitorado que permite determinar seu estado operativo mais provável a partir do cálculo dos valores de tensões e ângulos em todas as barras da rede elétrica considerando um número mínimo de sensores alocados de maneira otimizada. Neste sentido, são quatro os processos que permitem sua implementação na prática:

1. *Obtenção do modelo da rede*: nesta fase, é necessário conhecer os valores das impedâncias de linhas, cabos e máquinas a fim de obter um modelo barra-ramo que define a topologia do sistema a ser avaliado. Para a análise de redes, é comum a formação de uma matriz de admitância que é composta a partir de dados de resistências, reatâncias e susceptâncias *shunt*. Essa informação é extremamente importante para a implementação de um algoritmo estimador de estados e geralmente é obtida por meio de um banco de dados no qual ficam armazenadas informações sobre a composição dos elementos principais pertencentes ao sistema, dados de fabricantes, incluindo variação de parâmetros de impedância quando há variação de temperatura, pressão e umidade, por exemplo.

2. *Análise da observabilidade*: a fim de visar economicidade para o sistema de monitoramento a ser implantado, é de fundamental importância que seja definida a localização de medidores preexistentes e de sensores novos que serão alocados futuramente, a fim de restaurar a observabilidade do sistema de potência a ser monitorado. Em termos gerais, diz-se que é necessário haver um número redundante de medições

disponíveis obtidas por medidores instalados em campo de tal forma que, valendo-se do uso de um número mínimo e/ou reduzido de sensores alocados, seja possível estimar com precisão suficiente todas as variáveis de interesse do sistema monitorado, incluindo todas as tensões e ângulos de barras monitoradas e não monitoradas. A determinação da alocação ótima de medidores é feita por critérios que consideram a economicidade, custo-benefício e a topologia do sistema, seja a malhada, tão comum aos sistemas de transmissão, ou a radial, como grande parte das redes de distribuição.

3. *Aplicação da ferramenta matemática*: uma vez que os medidores forem instalados e alocados de maneira ótima, deve-se aplicar a técnica matemática escolhida para estimar os estados operativos da rede elétrica a partir de simulações computacionais que considerem o modelo barra-ramo da rede e medições obtidas em campo. O método dos mínimos quadrados ponderados (MQP) é a ferramenta mais comumente usada com esse objetivo, permitindo mesclar tipos de medição diferentes, incluindo medidas de tensão, correntes e potências, supondo que suas classes de exatidão são conhecidas pelos dados disponibilizados pelos fabricantes. Como variações dessa técnica tradicional, tem-se a aplicação de modelos de otimização resolvidos por algoritmos que englobem programação não linear como método de pontos interiores e programação quadrática sequencial bem como a decomposição em valores singulares, por exemplo.

4. *Checagem de erro*: a técnica usada para a EE deve permitir que o estado mais provável da rede seja determinado com exatidão, mostrando eficiência e robustez diante da introdução de erros oriundos do próprio sistema de monitoramento e instrumentação, denominados erros aleatórios, os quais têm seus efeitos suavizados ou "filtrados" pelo algoritmo de estimação de estados que visa minimizar a diferença entre os valores medidos e os seus valores correspondentes estimados em função das variáveis de estados do sistema. Os erros aleatórios são estatisticamente pequenos e são associados às classes de exatidão da instrumentação e transformadores de medição usados na conexão de medidores às redes elétricas. Em geral, eles são menores que 1% e facilmente tratados pela EE. Em contrapartida, existem erros grosseiros que causam um desvio sistemático dos valores reais das medições e são causados por distúrbios imprevisíveis e extemporâneos, como descalibração, intempéries do tempo, falhas nos canais de comunicação durante o transporte dos valores mensurados ao centro de controle, perda de pacote de dados na transmissão ou ataques cibernéticos que podem introduzir erros expressivos em medições a fim de prejudicar a avaliação da segurança dos SEPs, fazendo com que os operadores tomem ações indevidas resultando em interrupção do fornecimento de energia devido à intrusão de dados espúrios. Portanto, são funções secundárias da EE detectar, identificar e corrigir tais erros, denominados na literatura como *bad data*.

É notável a importância da ferramenta de EE para o funcionamento correto e operação de SEPs, sendo crucial para seu estabelecimento que um sistema supervisório de aquisição de dados seja implementado a partir de dispositivos que coletem informações sobre grandezas elétricas da rede, denominados tradicionalmente de RTUs (*remote terminal units*). A partir dos dados de medidores coletados em várias localidades distintas, estes são posteriormente enviados ao centro de controle utilizando canais e protocolos de comunicação específicos que permitam rastrear as variações de tais grandezas ao longo do tempo, permitindo acompanhar perfis típicos de carga e tensão durante um período de tempo desejado. Os sistemas de transmissão são tradicionalmente monitorados continuamente através do sistema Scada (*Supervisory Control and Data Acquisition*), o qual é responsável por unir todas as informações coletadas em campo em um único software capaz de processá-las a fim de se determinar o estado operativo da rede elétrica em regime permanente [5].

Apesar de serem tradicionais no contexto da automação e supervisão de sistemas monitorados, os sistemas Scada têm sido usados em centros de controle aliados a tecnologias emergentes que se valem de medições fasoriais sincronizadas por GPS (*Global Positioning System*) através de protocolos como o IRIG-B, que conferem uma estampa de tempo associada a medidores alocados geograficamente distantes uns dos outros, o que permite a obtenção de defasagens angulares entre medições coletadas em duas localidades distintas. Uma vez que os fasores são mensurados em tempo real, a defasagem angular é, de fato, possível de ser determinada quando o sistema GPS é utilizado para essa finalidade. Além do uso do GPS, outros sistemas, como o Glonass russo, podem ser utilizados pelos dispositivos, permitindo critérios múltiplos que garantam o sincronismo entre medições obtidas em tempo real [6]. Os medidores conhecidos por PMUs (*phasor measurement units*) tornaram se cada vez mais frequentes desde meados da década de 1990, e se mostraram soluções eficazes para a obtenção de fasores de tensão e corrente em sistemas a serem monitorados continuamente, permitindo não somente a mensuração de grandezas para a frequência fundamental (60 Hz, no caso do Brasil) como também da variação instantânea da frequência da rede, ou *rate of change of frequency* (Rocof), variações de tensão de curta duração (VTCDs), incluindo afundamentos (sags) e elevações (swells) de tensão, oscilações e ressonâncias subsíncronas, além de possibilitar a determinação de componentes harmônicas múltiplas da fundamental, resultando na concepção de sistemas de monitoramento de qualidade de energia e sincrofasores harmônicos em redes trifásicas, como no projeto desenvolvido nos Estados Unidos pela New York Power Authority (NYPA) entre os anos de 1992 e 1998 [7].

No Brasil, o operador do Sistema Interligado Nacional (SIN) se vale do Sistema Aberto de Gerenciamento de Energia (Sage), o qual funciona como um gerenciador de dados e um sistema supervisório, permitindo acompanhar em tempo real as variáveis elétricas de interesse do sistema monitorado, cumprindo o papel do sistema Scada. Utilizado em larga escala por concessionárias e empresas brasileiras, o Sage foi desenvolvido pelo Centro de Pesquisas de Energia Elétrica (Cepel), bem como outras ferramentas que permitem a análise de sistemas de potência, detalhadas a seguir [8]:

- *Anarede*: este programa permite o cálculo do fluxo de potência, determinando as tensões em todas as barras de sistemas monofásicos de transmissão a partir do conhecimento das condições de carga e geração. Além disso, permite execução de fluxos de potência considerando contingenciamentos, regulação de frequência, controle de tensão, bem como a modelagem de compensadores estáticos de reativos. Com uma interface gráfica amigável, ele permite que sistemas novos sejam modelados e analisados, além de propiciar análises de segurança estáticas, incluindo levantamento de curvas

PV e QV, as quais possibilitam determinar a margem de segurança do sistema, evitando aumento de carga expressivo que culmine em reduções exacerbadas nos valores de tensão em pontos notáveis do sistema. Os fluxos de potência podem ser resolvidos utilizando Newton-Raphson, métodos desacoplados, entre outros.

• *HarmZs*: este software permite o cômputo de componentes harmônicas supondo a introdução de fontes intermitentes eólicas, solares e cargas não lineares modeladas por injeção de correntes em frequências múltiplas da fundamental. Além disso, permite a avaliação da propagação harmônica através da varredura na frequência e análise modal, as quais permitem averiguar pontos de ressonância durante a operação da rede.

• *Flupot:* o fluxo de potência ótimo pode ser executado neste programa considerando objetivos como minimizar custos de geração, perdas e maximizar transferência de potência assumindo como restrições de igualdade as equações algébricas do fluxo de potência e restrições de desigualdade, incluindo valores limites de tensão, fluxos e potências em cada barra. A partir da resolução por método de pontos interiores, é possível determinar multiplicadores de Lagrange, os quais são indicadores conhecidos na literatura para estabelecer critérios de estabilidade de tensão.

• *Anatem*: este programa é destinado a análises eletromecânicas no domínio do tempo, permitindo avaliar dinamicamente o comportamento de variáveis elétricas em SEPs.

• *Anafas*: estudos de curto-circuito envolvendo faltas simétricas e assimétricas trifásicas podem ser averiguadas neste software.

Na Figura 1.2, um sistema de monitoramento destinado à obtenção de sincrofasores para a frequência fundamental e suas harmônicas, é ilustrado, com base no caso prático da implementação do sistema NYPA [7].

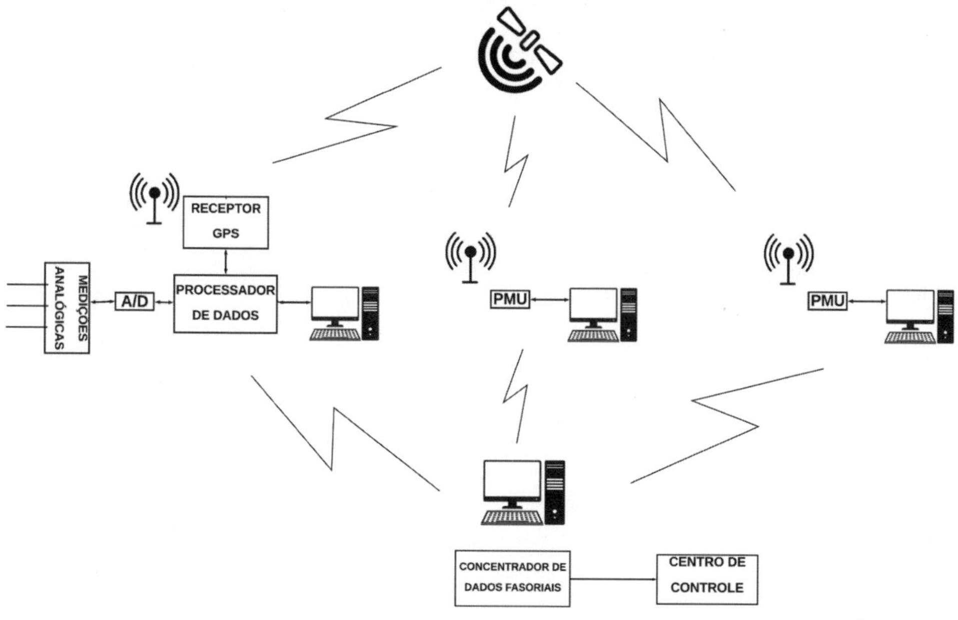

Figura 1.2 – Sistema de monitoramento usando PMUs.

Várias PMUs são instaladas em pontos distintos, priorizando subestações localizadas em pontos notáveis da rede a ser monitorada. No caso do sistema NYPA, medidores fasoriais do tipo Macrodyne 1620 foram instalados em várias cidades, incluindo Atlanta. Para a conexão dos medidores na rede, são necessários transformadores de potencial e corrente para reduzir os níveis de tensão e corrente para a entrada das PMUs, padronizadas, respectivamente, em 115 V e 5 A de maneira geral.

As unidades de medição coletam dados analógicos e os sinais elétricos são digitalizados com o uso de conversores *analogue-to-digital* (A/D) e, posteriormente, processados por softwares que podem ser incorporados nos próprios equipamentos físicos ou instalados em computadores da rede local. Tais programas devem ser capazes de processar os sinais a fim de obter fasores em regime permanente, valores mensurados de frequência e distorções harmônicas, sendo a técnica de análise de Fourier a ferramenta matemática tradicionalmente mais usada para essa finalidade. Para a obtenção de fasores harmônicos, é necessário que a taxa de amostragem seja alta, a qual é tipicamente superior a 2.880 amostras por segundo nas primeiras PMUs desenvolvidas pela Macrodyne, como o modelo 1620 [7].

Uma antena GPS é instalada próximo a cada medidor a fim de garantir o sincronismo de informações de dados fasoriais. As grandezas mensuradas são enviadas aos centros de controle por canais de comunicação específicos em taxas de envio que podem ser de 30, 60 e 120 fps (*frames per second*) segundo a norma IEEE C37-118 [9], estabelecida para o desenvolvimento de medidores fasoriais sincronizados. Já há no mercado medidores fasoriais com taxas superiores, como 240 fps, denominadas de WMU (*waveform measurement units*), as quais são utilizadas, principalmente para a verificação de ressonâncias subsíncronas em máquinas elétricas.

As medições são enviadas, primeiramente, para um *hardware* chamado PDC (*phasor data concentrator*), responsável por armazenar e reduzir erros estatisticamente pequenos e corriqueiros devido à aleatoriedade da instrumentação, utilizando-se de técnicas de interpolação, ajustes paramétricos ou filtros digitais como média móvel e de decaimento exponencial, por exemplo.

Uma vez que esses dados são todos reunidos em um centro de controle, é possível utilizá-los para o monitoramento da rede, implementando-se os algoritmos de EE a fim de determinar as variáveis elétricas para a frequência fundamental e, caso seja o objetivo da aplicação, para monitorar as distorções harmônicas e sua propagação no sistema.

Na Figura 1.3, tem-se um esquemático representativo de um sistema de monitoramento utilizando medidores fasoriais sincronizados via GPS. No caso ilustrado, múltiplos sensores são instalados na rede a fim de mensurar variáveis elétricas em pontos estratégicos na rede.

Os dados mensurados são enviados ao concentrador de dados fasoriais, localizado próximo ao centro de gerenciamento, no qual as informações podem ser acessadas e utilizadas para fins de controle, supervisão e automação dos SEPs.

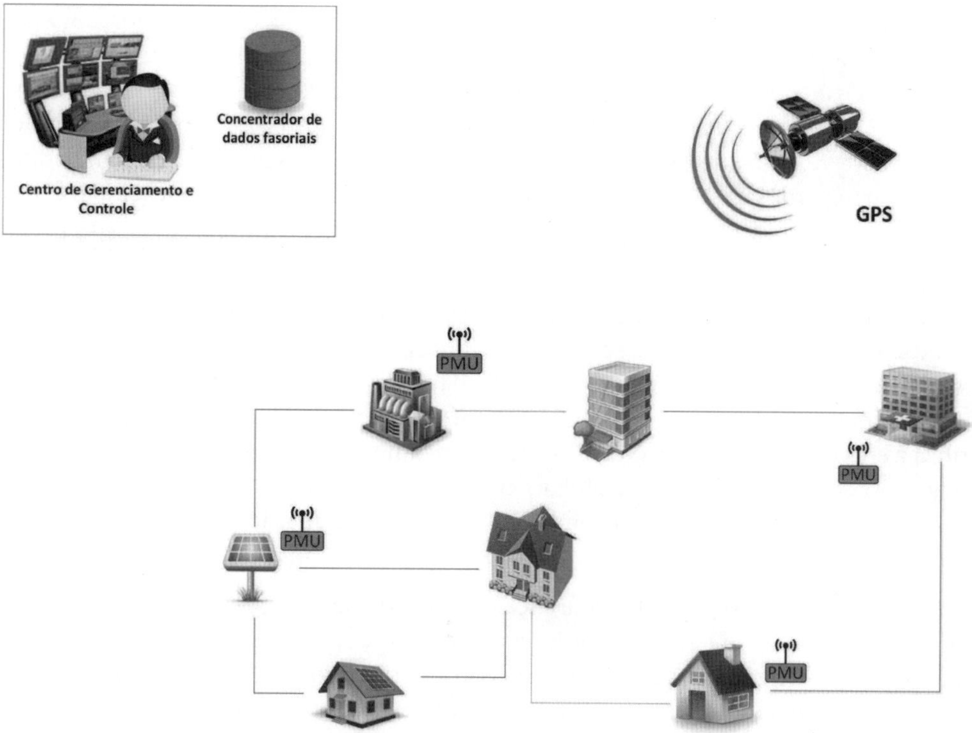

Figura 1.3 – Esquemático de sistema de monitoramento com PMUs.

Uma vez conhecidas as características de um sistema, incluindo sua topologia, parâmetros de impedâncias e variáveis como tensões e correntes, é possível classificá-lo em quatro categorias que determinam a condição operativa da rede [5], destacadas a seguir:

1. *Normal/seguro*: esta é a categoria que denota o estado ideal, em que todas as restrições operacionais e de carga são obedecidas, mesmo que corra uma contingência simples, ou seja, os valores mínimos e máximos de tensão, frequência, por exemplo, são todos atendidos mesmo que haja um contingenciamento.

2. *Normal/alerta*: nesta categoria, as restrições de carga e operação são obedecidas. Porém, caso haja uma contingência, algum limite operacional será violado.

3. *Emergência*: neste estado, as restrições de operação já estão sendo violadas e alguma ação corretiva deve ser tomada para restaurar a segurança do sistema, como o redespacho de geradores ou chaveamento de capacitores em paralelo.

4. *Restaurativo*: neste caso, alguma ação já foi tomada pelo operador do sistema a fim de restaurar sua segurança e sanar a violação de limites operacionais. Entretanto, geralmente há corte de carga com desenergizacão de partes do sistema, sendo uma situação indesejada na prática.

As categorias mencionadas usadas para classificar o estado de segurança em que um sistema de potência se encontra são intrinsecamente associadas às condições de contingências simples e/ou múltiplas. Entende-se por contingência a retirada de uma linha de transmissão, transformador, unidade de geração ou outro dispositivo componente da rede que afete sua operação. Tradicionalmente, o critério de confiabilidade adotado pelo ONS é denominado critério N-1, o que significa que o sistema deve operar de forma segura, respeitando todos os limites impostos por normas nacionais, supondo que possa haver a perda de um elemento como uma linha de transmissão, por exemplo [10].

Tem-se, neste capítulo introdutório, uma breve explanação sobre os conceitos básicos que permeiam a temática desta obra, esboçando sua importância para a operação de sistemas elétricos de potência que clama por mudanças em sua estrutura devido à introdução de tecnologias emergentes como fontes alternativas de energia intermitentes, inserção de cargas não lineares, advento da eletrônica de potência e proliferação de equipamentos que podem alterar significantemente a sociedade e a forma como ela utiliza a energia elétrica, como veículos elétricos com tecnologia *vehicle-to-grid* (V2G), integração energética aliada ao acoplamento setorial (em tradução livre da expressão alemã, *Sektorenkopplung*), que vislumbram trocas de informação, dados e energia entre diferentes setores da sociedade.

A fim de manter critérios de segurança e qualidade de energia, são necessários novos algoritmos que propiciem formas inteligentes de monitorar os sistemas de potência, incluindo redes de transmissão, subtransmissão, distribuição, redes elétricas inteligentes e microrredes. Sem o desenvolvimento de técnicas matemáticas essenciais para a implementação da estimação de estados em todos os níveis de tensão, o controle desses sistemas e equipamentos será feito de formas que podem resultar em cortes de carga indevidos, operações instáveis e indesejadas, mau funcionamento dos sistemas de proteção e interrupção no fornecimento de energia, o que, por sua vez, acarretaria em uma perda de confiança da sociedade em relação aos serviços oferecidos por empresas e concessionárias, além do aumento de incertezas sobre o uso de dispositivos e tecnologias novas.

Com o intuito de preencher essa lacuna, este livro apresenta as principais técnicas que permitem o estabelecimento da estimação de estados em SEPs, fornecendo subsídios para o entendimento da técnica, sua importância e utilização a partir da implementação computacional que permita compressão integral acerca do tema.

A obra é estruturada em seis capítulos, incluindo este de caráter introdutório.

No segundo capítulo, o tema da estimação de estados é abordado considerando as técnicas tradicionais baseadas em mínimos quadrados ponderados.

No terceiro, uma discussão sobre a aplicação de algoritmos de estimação de estados em sistemas de distribuição e redes elétricas inteligentes é apresentada, incluindo formulações alternativas que apresentam solução numérica compatível com as características, desafios e exigências impostas pelas redes de média tensão e tecnologias emergentes.

No quarto capítulo, disserta-se sobre as formas de tratamento dos erros grosseiros presentes em medições. São apresentadas formas de detectar a presença de dados espúrios em estimação de estados, identificar a medição corrompida e os tratamentos possíveis para solucionar a problemática da intrusão de erros grosseiros no processo de EE.

No quinto capítulo, o tema da qualidade de energia é abordado com a finalidade de apresentar os algoritmos que permitem a realização de análise harmônica e estimação de estados harmônicos em sistemas elétricos de potência. Uma breve revisão é feita sobre modelos de redes no domínio da frequência, conceitos essenciais sobre qualidade de energia, grandezas elétricas sob condições não senoidais e fluxo de potência harmônico.

No sexto capítulo, o tema da estimação de estados dinâmica é apresentado a partir da formulação teórica do algoritmo do filtro de Kalman estendido aplicado nas equações da estimação de estados.

Por fim, no apêndice da obra, tem-se um resumo sobre fluxo de potência em sistemas elétricos de transmissão e distribuição contemplando metodologias clássicas solucionadas por Newton-Raphson e utilizando o método de injeção de correntes, a qual representa uma formulação nova para o equacionamento do fluxo de potência.

CAPÍTULO 2

ESTIMAÇÃO DE ESTADOS

2.1 CONSIDERAÇÕES INICIAIS

A estimação de estados em sistemas elétricos de potência foi primeiramente proposta por Fred Schweppe e Handschin em 1986 [11, 12, 13]. A partir do conhecimento da matriz de admitância da rede elétrica, sua topologia e equações que regem o fluxo de potência, é possível utilizar métodos de regressão linear para estimar estados operativos (geralmente, tensões fasoriais em cada barra do sistema de potência) assumindo um número de medições obtidas em um centro de controle.

O método dos mínimos quadrados ponderados (MQP) é o mais utilizado neste contexto, valendo-se da premissa da existência de um número m de medições redundantes superior ao número de variáveis n que se deseja estimar na rede. Geralmente, para garantir que haja observabilidade completa em um sistema elétrico, é necessário satisfazer a inequação $m > n$ e, além disso, o número n é determinado por duas vezes o número N_b de barras do sistema sob análise, menos um ($n = 2N_b$-1)referente ao ângulo adotado para a barra de referência angular do sistema.

Uma vez que o sistema é observável, é possível estimar todas as variáveis de interesse determinando o estado mais provável dele assumindo que as medições coletadas em campo possuem erros aleatórios inerentes à instrumentação, os quais são modelados geralmente como distribuições gaussianas de média zero (μ=0) e desvio padrão σ determinado pela classe de exatidão do instrumento medidor. Toda medição, portanto, será associada a um erro aleatório considerando uma dispersão estatística que resulte em um histograma, como mostrado a seguir na Figura 2.1:

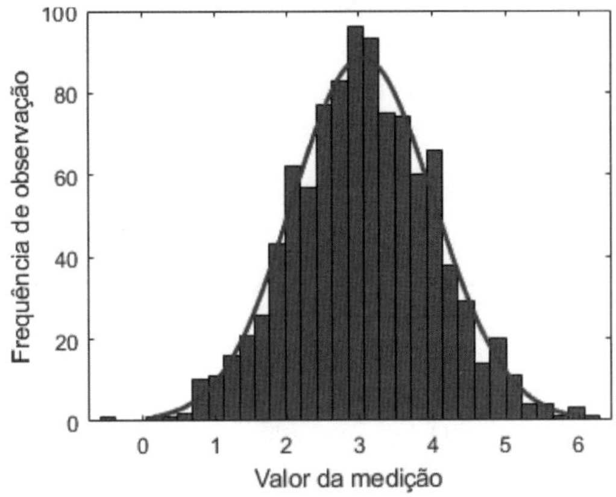

Figura 2.1 – Histograma de uma medição com valor médio igual a 3 unidades.

Como exemplo, suponha uma medição efetuada diversas vezes, resultando em 1.000 amostras, sendo o valor esperado coincidente com a média; e o desvio padrão será determinado a partir dos dados amostrados, conforme mostrado na Figura 2.1. Neste caso de estudo, a média estatística μ seria igual a 3 unidades e o desvio padrão σ seria 1, calculados pelas equações a seguir, respectivamente, em que *N* denota o número total de amostras obtidas para uma dada medição chamada *Z*.

$$\mu = \frac{1}{N}\sum_{i=1}^{N} z_i$$

$$\sigma = \sqrt{\frac{1}{N}\sum_{i=1}^{N}(z_i - \mu)^2}$$

Na prática, o valor da medição terá um valor central esperado e sua classe de exatidão será igual a três vezes o valor do desvio padrão da amostragem. Sendo assim, um medidor com classe de exatidão igual a 3% terá um desvio padrão correspondente de 1%. Essa característica aleatória de uma medição *z* qualquer pode ser modelada, em ambientes de simulação computacional, a partir de uma função de densidade de probabilidade (FPD) gaussiana bicaudal conforme a equação a seguir, a qual resulta em um histograma similar ao da Figura 2.1, cujo nome popular é "boca de sino".

$$FPD(z) = \frac{1}{\sqrt{2\pi}} e^{-\left(\frac{z-\mu}{2\sigma}\right)^2}$$

Uma medição *z* pode, portanto, ser igual ao seu valor estimado mais provável (valor médio, neste caso) somado a um erro aleatório gaussiano $\epsilon(0,\sigma)$ de média zero e desvio padrão conhecido pela classe de exatidão do equipamento, como mostrado pela Equação 2.3:

$$z = \mu + \epsilon\left(0,\sigma\right)$$

Com o intuito de reduzir o efeito do erro aleatório, a diferença entre o valor medido e o esperado médio deve ser minimizada quadraticamente a fim de evitar incompatibilização de sinais negativos e positivos na equação, conforme a expressão da FDP. Outra forma de se determinar essa operação é maximizar a função de densidade de probabilidade, otimizando o critério de verossimilhança entre o valor medido e o estimado.

Percebe-se que, para maximizar a expressão da FPD, deve-se minimizar a expressão *J* detalhada a seguir, a qual resulta da diferença quadrática ponderada pelo desvio padrão da amostra. Deste raciocínio, nomeia-se o método dos mínimos quadrados ponderados (MQP).

$$\min J = \left(\frac{z - \mu}{2\sigma} \right)^2$$

Generalizando para um número maior de medições, tem-se a formulação geral que indica a minimização do somatório das diferenças quadráticas entre valores medidos e estimados correspondentes ponderados pelo desvio padrão, em que $J(\hat{x})$ é a função objetivo a ser minimizada, sendo calculada em função de uma variável de interesse $\hat{x}$ a ser estimada, $\phi(\hat{x})$ é o valor estimado correspondente à medição realizada e m é o número total de medições.

$$\min J(\hat{x}) = \sum_{i=1}^{m} \left(\frac{z_i - \phi_i(\hat{x})}{2.\sigma_i} \right)^2$$

Para minimizar a função objetivo, deve-se derivar a equação e igualá-la a zero. Note que tal procedimento permite calcular o valor mais provável que uma variável pode assumir considerando incertezas introduzidas durante o processo de mensuração dela. Suponha que um termômetro que indique a temperatura em uma cidade específica meça os seguintes valores em graus Celsius: 25, 27 e 10.

Todas as medições foram obtidas em intervalos de tempo desprezíveis para essa análise e deseja-se saber qual é o valor esperado, mais provável, dessa temperatura. Seguindo o método MQP e supondo-se que o desvio padrão seja 0,5, deve-se calcular a seguinte expressão:

$$\min J(\hat{x}) = \left(\frac{25 - \phi(\hat{x})}{2\ .0{,}5} \right)^2 + \left(\frac{27 - \phi(\hat{x})}{2\ .0{,}5} \right)^2 + \left(\frac{10 - \phi(\hat{x})}{2\ .0{,}5} \right)^2$$

Para o cálculo da função objetivo, desenvolve-se a equação anterior, resultando em:

$$J = 1505 + 3\phi^2 - 126\phi$$

Igualando a zero sua derivada de primeira ordem, obtém-se a equação linear a seguir, a qual, sendo resolvida, fornece o valor estimado da variável temperatura $\phi = 21$ graus Celsius, neste caso.

$$0 = 6\phi - 126$$

O processo da estimação de estados, portanto, pode ser aplicado nesse exemplo simples em que se deseja estimar apenas uma variável (a temperatura, no caso). O mesmo processo pode ser efetuado considerando um número maior de variáveis a serem estimadas, definindo-se um vetor dessas variáveis e supondo medições de diferentes tipos obtidas em um sistema elétrico.

O problema, nesse caso, poderia ser enunciado com o objetivo de calcular magnitudes e ângulos de tensão em todas as barras de um sistema supondo medições de grandezas elétricas obtidas por medidores de magnitudes de tensão, potências ativas e reativas demandadas em barras de carga, fluxos e correntes passantes em linhas de transmissão e ângulos obtidos por PMUs, por exemplo.

No caso específico citado, haveria uma quantidade n de variáveis de estados a serem determinados a partir de um número m de medições. As derivadas dessas medições em relação a cada uma das variáveis devem ser computadas para se minimizar uma função objetivo que visa reduzir o somatório das diferenças quadráticas entre valores medidos e seus correspondentes estimados, ponderados pelo desvio padrão associado aos erros aleatórios de cada medidor.

Para tal processo, é necessário conhecer as classes de exatidão de cada medidor, os valores das medições obtidas em campo e as equações que regem o fluxo de potência da rede elétrica a fim de computar o equacionamento necessário para se efetuar as derivadas parciais de cada medição em relação a cada variável.

Portanto, é necessário conhecer as expressões que possibilitam calcular potência ativa/reativa em cada barra do sistema, fluxos passantes de potência ativa/reativa, correntes ramais calculadas em função das magnitudes e ângulos de tensão em cada barra do sistema usando coordenadas polares, considerando todas essas possibilidades de medição obtidas por medidores específicos.

2.2 TIPOS DE MEDIÇÃO

Para o processo de EE em SEPs, é necessário alocar vários tipos de medidores nas redes elétricas a fim de restaurar sua observabilidade [5]. Nesse contexto, é extremamente importante conhecer os diversos tipos de medição existentes e os principais sensores disponíveis no mercado [14].

A fim de estimar estados operativos em um sistema elétrico, pode-se conceber diversos tipos de medição. Todos serão armazenados em um banco de dados para posterior cômputo do estimador de estados, podendo ser mesclados durante o processo de EE considerando suas classes de exatidão correspondentes.

Conforme ilustrado na Figura 2.2, tem-se os seguintes tipos principais de medição:

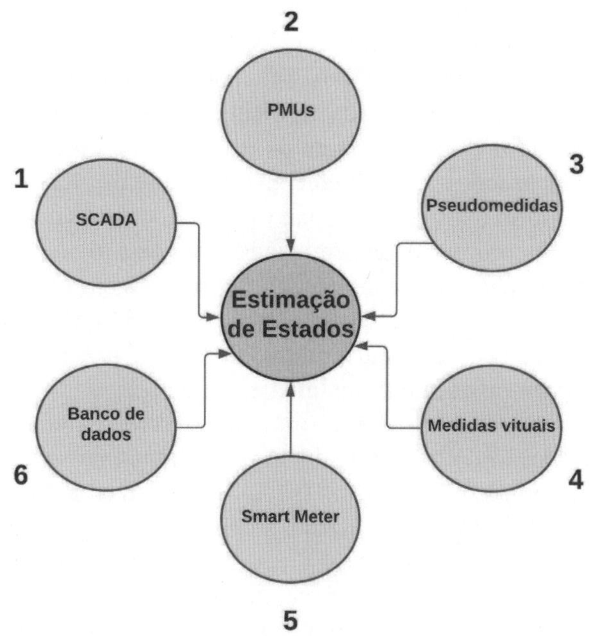

Figura 2.2 – Tipos de medições.

1. *Medições Scada*: estas medições são advindas de medidores tradicionais, não sincronizados, os quais permitem mensurar valores de módulos de grandezas elétricas, como magnitude de tensão (V_k), potência ativa (P_k) e reativa (Q_k) em determinada barra k do sistema, fluxos de potência ativa (P_{km}) e reativa (Q_{km}) passantes nas linhas de transmissão e amplitudes de correntes nodais (I_k) e ramais (I_{km}), respectivamente. Essas medições, comumente referenciadas na literatura como advindas de RTUs, são obtidas por medidores convencionais, os quais são conectados ao sistema por meio de transformadores de potencial e corrente (TPs e TCs, respectivamente), sendo os desvios padrões associados a medições de tensão iguais a 0,004 e a medições de corrente iguais a 0,008, seguindo valores típicos de instrumentação usados na prática. Para valores mensurados de potência, uma vez que são obtidos através da multiplicação entre grandezas de tensão e corrente, é atribuído um valor de desvio padrão de até 0,010 na prática. Esses medidores fornecem medições em intervalos de tempo regulares, sendo tipicamente de 5 a 10 minutos, fato que viabilizava que o processo de estimação de estados nos centros de controle fosse efetuado em janelas de tempo superiores, tradicionalmente de 15 em 15 minutos, considerando modelos de rede em estado permanente desprezando transitórios e variações bruscas de carga e geração, o que há alguns anos era possível e viável para manter a operação dos SEPs de forma automatizada e segura.

2. *Medições provenientes de PMUs*: as medições fasoriais sincronizadas via GPS começaram a ser utilizadas no âmbito de monitoramento de redes elétricas em meados da década de 1990, a partir dos estudos do engenheiro Phadke [6] na empresa Macrodyne. A medição de ângulos associados a grandezas elétricas sempre foi motivo de pesquisa, porém, só foi viabilizada após o uso de sistemas e protocolos que permitissem extração

de fasores com uma estampa de tempo garantida pelos satélites artificiais ao redor do planeta. Uma vez que a mensuração de defasagem angular de variáveis elétricas em pontos geograficamente distantes foi possível, a obtenção de fasores sincronizados de tensão e corrente pôde ser mensurada a partir do uso das denominadas PMUs. Os medidores sincronizados possuem classe de exatidão superior aos medidores tradicionais, sendo sua acurácia extremamente alta, fato que resulta em valores de desvio padrão reduzidos, dando mais confiabilidade à medição obtida por esse tipo de sensor. As PMUs são comumente instaladas em subestações por meio da conexão realizada por TPs e TCs, sendo as entradas analógicas padronizadas em 115 V e 5 A, para tensão e corrente. Taxas de amostragem extremamente altas, acima de 2.880 amostras por segundo, permitem que componentes múltiplas da fundamental possam ser obtidas para cada ordem harmônica individualmente, o que torna a implementação de sistemas de monitoramento de fasores harmônicos possível. Além disso, a frequência fundamental e sua variação no tempo podem ser acompanhadas de maneira satisfatória com erro menor que 1%, segundo a especificação técnica IEEEC37-118. As PMUs comerciais podem ser do tipo P ou M, dependendo da aplicação em proteção ou em sistemas de monitoramento, sendo suas taxas de envio aos concentradores de dados fasoriais iguais a 10, 30, 60, 120 fps, dependendo da disponibilidade de armazenamento de dados do PDC. Isso que permite a execução de algoritmos de EE em tempo real, permitindo acompanhar transitórios eletromagnéticos e oscilações indesejadas de forma contínua, o que representa uma quebra de paradigma no contexto do monitoramento de redes elétricas. Os tipos de medição disponíveis em tempo real incluem medição da frequência (f) em Hertz, magnitudes (V_k) e ângulos (θ_k) de tensões bem como magnitudes (I_{km}) e ângulos (δ_{km}) de correntes passantes por linhas de transmissão conectadas ao equipamento medidor. Isso torna possível monitorar os fasores de tensão nas barras nas quais as PMUs são instaladas e as correntes a jusante e a montante do barramento. Vale ressaltar que as PMUs foram concebidas inicialmente para a EE em sistemas de transmissão, sendo seu uso para redes de distribuição pensado posteriormente, o que torna possível a mensuração de fasores em sistemas de média e baixa tensão. Diversos pesquisadores têm se dedicado ao desenvolvimento de micro-PMUs, equipamentos que cumprem os requisitos mínimos de um medidor fasorial sincronizado, mas possuem aspecto e dimensões físicas proporcionais à sua aplicação no nível de tensão respectivo. A reduzida latência entre o instante em que a medição é efetuada e o momento em que ela está disponível no centro de controle fornece subsídios para monitorar em tempo real as chamadas redes elétricas inteligentes e microrredes em que um centro de operação e controle se faz necessário.

3. *Pseudomedidas*: este tipo de medição é associada frequentemente a dados históricos relacionados às faturas de energia dos consumidores obtidos por centros de controle na distribuição como potências ativas e reativas demandadas em centros de carga não monitorados em tempo real, pertencentes à classe residencial e comercial. Essas medições são, geralmente, dados médios de consumo de potências ativas e reativas (P_k e Q_k, respectivamente) associados a um alto grau de imprecisão, que pode chegar a 50%. Apesar do alto teor de incerteza associado a essas informações históricas, elas são utilizadas principalmente para se efetuar a estimação de estados em redes de

média tensão, quando as concessionárias não sabem ao certo os valores demandados em centros de carga sem monitoramento contínuo e precisam atribuir um valor de consumo a esse ponto simulando a existência de um medidor nele, o que resulta no nome pseudomedida.

4. *Medidas virtuais*: as medidas virtuais representam um tipo especial de pseudomedida, possuindo uma acurácia bastante alta. São, geralmente, associadas a valores de potência ativa e reativa iguais a zero, o que é verificado na prática em barras de passagem, as quais são pontos do sistema sem carga, como subestações usadas para manobra não destinadas ao atendimento de consumidores e postes sem a instalação de transformadores. A esses nós do circuito elétrico que compreende o sistema de potência são atribuídos valores de consumo nulos e, como há uma certeza sobre esses valores, a acurácia correspondente a esse tipo de informação é altíssima, podendo ser utilizada tanto no nível de transmissão como no de distribuição de energia como artificio matemático que aumenta o número de dados coletados da rede, resultando em um número maior de medições consideradas para a EE.

5. *Smart meter*: essencialmente desenvolvidos para instalação em baixa tensão, próximo aos consumidores, os medidores inteligentes ou *smart meters* são medidores que fornecem, tradicionalmente, informações sobre potências ativas e reativas (P_k e Q_k, respectivamente) demandadas e geradas em intervalos de tempo típicos de 15 minutos ou superiores a isso. São medições que permitem acompanhar a variação temporal da carga diária de consumidores e geração distribuída (seja intermitente e não despachável, como a solar e eólica, ou despachável, como geradores a diesel). Apesar da acurácia maior em relação às pseudomedidas, os medidores inteligentes são instalados na baixa tensão e, quando se deseja prever a carga agregada em um barramento de média tensão, é necessário se valer do somatório de vários medidores instalados na baixa tensão, o que resulta em uma soma de incertezas que podem levar a imprecisões mais elevadas, proporcionalmente ao número de consumidores atendidos por um mesmo transformador. Tal fato faz com que, para a EE em sistemas de distribuição, desvios padrões superiores aos medidores tradicionais sejam utilizados. Além disso, devido a questões relativas à regulamentação em alguns países, a acessibilidade aos dados do consumidor pela concessionária não é permitida, sendo caracterizada como problema de privacidade, o que torna o acesso bidirecional de informação não possível. Além disso, os dados de medidores inteligentes podem ser disponibilizados em intervalos de tempo superiores às PMUs, o que não possibilita a EE em tempo real, sendo necessários mecanismos que permitam mesclar as informações obtidas em intervalos de tempo distintos necessários para o cômputo de variáveis de estados a serem estimados.

6. *Banco de dados*: apesar de não configurarem tipos de medição especificamente, as informações acerca de impedâncias e parâmetros de cabos, linhas e máquinas são armazenados no centro de controle, podendo ser acessados e utilizados pela EE para se obter estimativas precisas sobre o estado operativo da rede. Pode-se atribuir incertezas de até 5% em parâmetros de impedâncias de elementos do sistema a fim de se obter estimações dentro de intervalos de confiança satisfatórios para o centro de controle que permitam tomadas de decisão mais efetivas. Além disso, é possível considerar

parâmetros de impedâncias como variáveis de estados os em algoritmos de EE que visem tal funcionalidade. Também são informações pertencentes ao banco de dados os status de disjuntores, banco de capacitores, os modelos de equipamentos tiristorizados, os efeitos da temperatura em cabos, os tapes de transformadores OLTC (*on load tap changer*) e os defasadores.

A utilização conjunta de diversos tipos de medição desperta o interesse de pesquisas que visem estabelecer técnicas de estimação de estados híbrida em que medidores sincronizados e não sincronizados são usados, a partir de um esquema de sincronismo temporal, permitindo mesclar diversos tipos de medição obtidos em janelas de tempo diferentes.

Para o processo de estimação de estados, um vetor z de medições compreendendo vários tipos diferentes pode ser concebido, conforme o vetor a seguir, em que distintos tipos de medição são considerados. A dimensão do vetor será $m \ x \ 1$, a depender do número de medições obtidas.

$$\mathbf{z}^T = [V_k,\ldots,\theta_k,\ldots,P_{km},\ldots,Q_{km},\ldots,\ P_k,\ldots,Q_k,\ldots I_{km},\ldots,\delta_{km}]$$

2.3 O ALGORITMO MQP

Dentre os algoritmos mais difundidos e usados em centros de controle para a EE em SEPs, o método MQP se destaca por sua facilidade de implementação e sua robustez numérica. Assumindo o vetor de medições formado por diversos tipos de medições, deve-se determinar um vetor de variáveis de estados a serem estimados, como vemos a seguir.

$$\hat{x}^T = [\theta_2,\theta_3,\theta_{N_b},\ldots\ V_1,V_2,\ldots,V_{N_b}]$$

Excluindo-se o ângulo da barra de referência angular, almeja-se estimar todas as magnitudes e ângulos de tensão nodal para todas as N_b barras do sistema avaliado. A quantidade de variáveis de estados a serem estimadas resulta na quantidade de elementos do vetor de dimensão $n \ x \ 1$. Note que a dimensão dos vetores de medição e de estados não são iguais, devendo o número de medições m ser maior que o número de variáveis n a fim de garantir observabilidade e redundância de medições.

Representações de elementos básicos de sistemas de potência são necessários para se considerar a rede em um modelo barra-ramo, em que as linhas de transmissão são modeladas a partir de parâmetros nominais de impedâncias usando seções PI a parâmetros concentrados, geradores e cargas são modeladas por potências constantes, em uma abordagem estática tradicional.

Uma vez determinadas as variáveis de estados e os tipos possíveis de medições, é necessário determinar como se dá o cálculo de cada medição em função das variáveis de estados (magnitudes e ângulos de tensão), as quais são fornecidas para cada tipo de medição contida no vetor de medições z, conforme as equações seguintes para calcular a potência ativa e reativa em uma barra k, fluxos passantes em uma linha de transmissão entre as barras k e m; e a magnitude de corrente passante em uma linha, respectivamente.

$$P_k = V_k \sum_{m \in K} V_m (G_{km} \cos(\theta_{km}) + B_{km} sen(\theta_{km}))$$

$$Q_k = V_k \sum_{m \in K} V_m (G_{km} \text{sen}(\theta_{km}) - B_{km} cos(\theta_{km}))$$

$$P_{km} = V_k^2 (G_{kk} + G_{km}) - V_k V_m (G_{km} \cos(\theta_{km}) + B_{km} sen(\theta_{km}))$$

$$Q_{km} = -V_k^2 (B_{kk} + B_{km}) + V_k V_m (G_{km} \text{sen}(\theta_{km}) - B_{km} cos(\theta_{km}))$$

$$I_{km} = \frac{\sqrt{P_{km}^2 + Q_{km}^2}}{V_k}$$

Em que K denota o conjunto de barras conectadas à barra em questão incluindo a própria barra k. Os parâmetros de condutância e susceptâncias de uma determinada linha de transmissão são denotados, respectivamente, por G_{km} e B_{km}. A defasagem angular entre duas barras consecutivas é representada por θ_{km}, sendo determinado por:

$$\theta_{km} = \theta_k - \theta_m$$

Uma vez estabelecida a forma de calcular os valores das medições em função de variáveis de estados a serem estimadas, é necessário determinar as derivadas parciais das medições em relação às variáveis a fim de se utilizar na aplicação do método MQP.

Uma vez definidas as derivadas parciais, voltemos à concepção do método MQP, cujo objetivo será minimizar a função objetivo $J(\hat{x})$, que é o somatório das diferenças quadráticas ponderadas, dado por:

$$J(\hat{\mathbf{x}}) = \frac{1}{2} \sum_{i=1}^{m} \left(\frac{z_i - \phi_i(\hat{\mathbf{x}})}{\sigma_i} \right)^2$$

Note que ϕ_i $(\hat{x})$ representa uma função não linear que relaciona uma medição z_i com o vetor de variáveis de estados. Uma vez que as medições podem ser diversas grandezas elétricas, é necessário calculá-las em função das magnitudes e ângulos de tensões em cada barra do sistema.

Neste caso, o modelo para o vetor de medição será adotado como o valor estimado mais provável dela somado a um erro aleatório de distribuição gaussiana de média zero e desvio padrão conhecido, conforme mostrado em:

$$\mathbf{z} = \boldsymbol{\phi}(\hat{\mathbf{x}}) + \boldsymbol{\varepsilon}(\mathbf{o}, \boldsymbol{\sigma})$$

A função $J(\hat{x})$ pode ser expressa matricialmente conforme a equação seguinte:

$$J(\hat{\mathbf{x}}) = [\mathbf{z} - \phi(\hat{\mathbf{x}})]^T \mathbf{R}^{-1} [\mathbf{z} - \phi(\hat{\mathbf{x}})]$$

A matriz R é diagonal (R = diag $\{\sigma_1^2, \sigma_2^2, \ldots, \sigma_m^2\}$), sendo formada pelos valores das variâncias associadas aos erros aleatórios das medições, conforme mostrado a seguir:

$$\mathbf{R} = \begin{bmatrix} \sigma_1^{\ 2} & \cdots & 0 \\ \vdots & \ddots & \vdots \\ 0 & \cdots & \sigma_m^{\ 2} \end{bmatrix}$$

A fim de se minimizar a função objetivo, é necessário calcular a derivada de primeira ordem em relação às variáveis de estados para satisfazer as condições de optimalidade, como expresso a seguir:

$$g(\hat{\mathbf{x}}) = \frac{d\,J(\hat{\mathbf{x}})}{d\hat{\mathbf{x}}} = -\left[\mathbf{H}(\hat{\mathbf{x}})\right]^T \mathbf{R}^{-1}\left[\mathbf{z} - \phi(\hat{\mathbf{x}})\right] = 0$$

A matriz **H** é formada pelas derivadas parciais das funções ϕ associadas a cada medição em relação às variáveis de estados, possuindo dimensão igual a *m x n* e sendo denominada matriz jacobiana das medições em relação às variáveis de estado.

$$\mathbf{H}(\hat{\mathbf{x}}) = \frac{d\phi(\hat{\mathbf{x}})}{d\hat{\mathbf{x}}}$$

A fim de resolver o conjunto de equações expressos matricialmente, deve-se expandir a função g(x̂) em série de Taylor, conforme a equação a seguir, até o termo de primeira ordem ao redor da solução $\hat{x}^{it}$ obtida em uma iteração *it*, determinada por um processo iterativo a partir de uma inicialização das variáveis adotada comumente como 1 pu para as magnitudes de tensões e zero para os ângulos de fase, tal como em um fluxo de potência tradicional resolvido via Newton-Raphson.

$$g(\hat{\mathbf{x}}) = g(\hat{\mathbf{x}}^{it}) + \mathbf{G}(\hat{\mathbf{x}}^{it})(\hat{\mathbf{x}} - \hat{\mathbf{x}}^{it}) + \ldots = \mathbf{0}$$

Excluindo-se os termos de ordens superiores, tem-se as seguintes relações:

$$\hat{\mathbf{x}}^{it+1} = \hat{\mathbf{x}}^{it} + \left[\mathbf{G}(\hat{\mathbf{x}}^{it})\right]^{-1} g(\hat{\mathbf{x}}^{it})$$

$$g(\hat{\mathbf{x}}^{it}) = -\left[\mathbf{H}(\hat{\mathbf{x}}^{it})\right]^T \mathbf{R}^{-1}\left[\mathbf{z} - \phi(\hat{\mathbf{x}}^{it})\right]$$

A matriz $G(\hat{x}^{it})$, denominada matriz ganho, possui dimensão igual a *n x n*, sendo quadrada por consequência e possuindo características como ser esparsa, positiva e simétrica para sistemas observáveis e estáveis numericamente.

$$\mathbf{G}(\hat{\mathbf{x}}^{it}) = \frac{d\,g(\hat{\mathbf{x}})}{d\hat{\mathbf{x}}} = \left[\mathbf{H}(\hat{\mathbf{x}}^{it})\right]^T \mathbf{R}^{-1}\left[\mathbf{H}(\hat{\mathbf{x}}^{it})\right]$$

Dessa forma, a partir de solução via Gauss-Newton, o vetor de variáveis de estados é calculado a cada iteração como na equação a seguir, conhecida como conjunto de equações normais, sendo a resposta obtida em geralmente 3 iterações por uma convergência rápida e precisa.

$$\hat{\mathbf{x}}^{it+1} = \hat{\mathbf{x}}^{it} + \left[\mathbf{G}(\hat{\mathbf{x}}^{it})\right]^{-1}.\left[\mathbf{H}(\hat{\mathbf{x}}^{it})\right]^T.\mathbf{R}^{-1}.\left[\mathbf{z} - \phi(\hat{\mathbf{x}}^{it})\right]$$

A solução é obtida iterativamente a partir do conhecimento prévio sobre a matriz jacobiana **H**, a matriz de variâncias **R** e os valores das medições **z**, até que a diferença representada a seguir seja menor que uma tolerância especificada, geralmente igual a tol = 0,001.

$$\Delta \mathbf{x}^{it} = \mathbf{x}^{it+1} - \mathbf{x}^{it} < tol$$

A estrutura da matriz jacobiana **H** é indicada a seguir, sendo formada pelas derivadas parciais de medições de variados tipos de medição em relação às magnitudes e ângulos de tensões em todas as barras do sistema elétrico a ser monitorado. No exemplo em questão, tem-se 8 tipos de grandezas que podem ser mensuradas (potência ativa e reativa em uma barra *k*, fluxos ativos e reativos em uma linha *km*, magnitude e ângulo de tensão nodal, magnitude e ângulo de corrente ramal). E 16 submatrizes são estabelecidas pelos possíveis conjuntos de derivadas parciais.

$$\mathbf{H} = \begin{bmatrix} \frac{d\mathbf{P_k}}{d\theta} & \frac{d\mathbf{P_k}}{d\mathbf{V}} \\ \frac{d\mathbf{Q_k}}{d\theta} & \frac{d\mathbf{Q_k}}{d\mathbf{V}} \\ \frac{d\mathbf{P_{km}}}{d\theta} & \frac{d\mathbf{P_{km}}}{d\mathbf{V}} \\ \frac{d\mathbf{Q_{km}}}{d\theta} & \frac{d\mathbf{Q_{km}}}{d\mathbf{V}} \\ \frac{d\mathbf{V_k}}{d\theta} & \frac{d\mathbf{V}}{d\mathbf{V}} \\ \frac{d\theta_{\mathbf{k}}}{d\theta} & \frac{d\theta_{\mathbf{k}}}{d\mathbf{V}} \\ \frac{d\mathbf{I_{km}}}{d\theta} & \frac{d\mathbf{I_{km}}}{d\mathbf{V}} \\ \frac{d\delta_{\mathbf{km}}}{d\theta} & \frac{d\delta_{\mathbf{km}}}{d\mathbf{V}} \end{bmatrix} = \begin{bmatrix} H_{11} & H_{12} \\ H_{21} & H_{22} \\ H_{31} & H_{32} \\ H_{41} & H_{42} \\ H_{51} & H_{52} \\ H_{61} & H_{62} \\ H_{71} & H_{72} \\ H_{81} & H_{82} \end{bmatrix}$$

As fórmulas envolvendo as derivadas de primeira ordem são dadas pelas seguintes equações.

Derivadas parciais da medição de potência ativa em uma barra:

$$\frac{dP_k}{d\theta_k} = \sum_{m \in K} V_k V_m \left(-G_{km} sen\left(\theta_{km}\right) + B_{km} \cos\left(\theta_{km}\right) \right) - V_k^{\,2} B_{kk}$$

$$\frac{dP_k}{d\theta_m} = V_k V_m \left(G_{km} sen\left(\theta_{km}\right) - B_{km} \cos\left(\theta_{km}\right) \right)$$

$$\frac{dP_k}{dV_k} = \sum_{m \in K} V_m \left(G_{km} cos\left(\theta_{km}\right) + B_{km} \mathrm{sen}\left(\theta_{km}\right) \right) - V_k G_{kk}$$

$$\frac{dP_k}{dV_m} = V_k \left(G_{km} cos\left(\theta_{km}\right) + B_{km} \mathrm{sen}\left(\theta_{km}\right) \right)$$

Derivadas parciais da medição de potência reativa em uma barra:

$$\frac{dQ_k}{d\theta_k} = \sum_{m\in K} V_k V_m \left(G_{km} cos\left(\theta_{km}\right) + B_{km} \text{sen}\left(\theta_{km}\right)\right) - V_k^{\,2} G_{kk}$$

$$\frac{dQ_k}{d\theta_m} = V_k V_m \left(-G_{km} cos\left(\theta_{km}\right) - B_{km} \text{sen}\left(\theta_{km}\right)\right)$$

$$\frac{dQ_k}{dV_k} = \sum_{m\in K} V_m \left(G_{km} sen\left(\theta_{km}\right) - B_{km} \cos\left(\theta_{km}\right)\right) - V_k B_{kk}$$

$$\frac{dQ_k}{dV_m} = V_k \left(G_{km} sen\left(\theta_{km}\right) - B_{km} \cos\left(\theta_{km}\right)\right)$$

Derivadas parciais da medição de fluxo de potência ativa em uma linha conectando a barra *k* à barra *m*:

$$\frac{dP_{km}}{d\theta_k} = V_k V_m \left(G_{km} sen\left(\theta_{km}\right) - B_{km} \cos\left(\theta_{km}\right)\right)$$

$$\frac{dP_{km}}{d\theta_m} = -V_k V_m \left(G_{km} sen\left(\theta_{km}\right) - B_{km} \cos\left(\theta_{km}\right)\right)$$

$$\frac{dP_{km}}{dV_k} = -V_m \left(G_{km} cos\left(\theta_{km}\right) + B_{km} \text{sen}\left(\theta_{km}\right)\right) + 2V_k \left(G_{km} + G_{kk}\right)$$

$$\frac{dP_{km}}{dV_m} = -V_k \left(G_{km} cos\left(\theta_{km}\right) + B_{km} \text{sen}\left(\theta_{km}\right)\right)$$

Derivadas parciais da medição de fluxo de potência reativa em uma linha:

$$\frac{dQ_{km}}{d\theta_k} = -V_k V_m \left(G_{km} cos\left(\theta_{km}\right) + B_{km} \text{sen}\left(\theta_{km}\right)\right)$$

$$\frac{dQ_{km}}{d\theta_m} = V_k V_m \left(G_{km} cos\left(\theta_{km}\right) + B_{km} \text{sen}\left(\theta_{km}\right)\right)$$

$$\frac{dQ_{km}}{dV_k} = -V_m \left(-G_{km} sen\left(\theta_{km}\right) - B_{km} \cos\left(\theta_{km}\right)\right) - 2V_k \left(B_{km} + B\right)$$

$$\frac{dQ_{km}}{dV_m} = -V_k \left(G_{km} sen\left(\theta_{km}\right) - B_{km} \cos\left(\theta_{km}\right)\right)$$

Derivadas parciais da medição de magnitude de tensão nodal em uma barra:

$$\frac{dV_k}{d\theta_k} = 0$$

$$\frac{dV_k}{d\theta_m} = 0$$

$$\frac{dV_k}{dV_k} = 1$$

$$\frac{dV_k}{dV_m} = 0$$

Derivadas parciais da medição de ângulo de tensão em uma barra:

$$\frac{d\theta_k}{d\theta_k} = 1$$

$$\frac{d\theta_k}{d\theta_m} = 0$$

$$\frac{d\theta_k}{dV_k} = 0$$

$$\frac{d\theta_k}{dV_m} = 0$$

Derivadas parciais da medição de fluxo de magnitude de corrente em uma linha, de acordo com [15]:

$$\frac{dI_{km}}{d\theta_k} = \frac{V_k V_m \left(D_{km}\right)}{\sqrt{E_{km}}}$$

$$\frac{dI_{km}}{d\theta_m} = -\frac{V_k V_m \left(D_{km}\right)}{\sqrt{E_{km}}}$$

$$\frac{dI_{km}}{dV_k} = \frac{A_{km} V_k + C_{km} V_m}{\sqrt{E_{km}}}$$

$$\frac{dI_{km}}{dV_m} = \frac{B_{km} V_k + C_{km} V_m}{\sqrt{E_{km}}}$$

Derivadas parciais da medição do ângulo de corrente em uma linha:

$$\frac{d\delta_{km}}{d\theta_k} = \frac{A_{km}V_k^2 + C_{km}V_kV_m}{E_{km}}$$

$$\frac{d\delta_{km}}{d\theta_m} = \frac{B_{km}V_k^2 + C_{km}V_kV_m}{E_{km}}$$

$$\frac{d\delta_{km}}{dV_k} = \frac{D_{km}V_m}{E_{km}}$$

$$\frac{d\delta_{km}}{dV_m} = \frac{D_{km}V_k}{E_{km}}$$

Os termos notáveis das expressões acima denotados por $A_{km}, B_{km}, C_{km}, D_{km}$ são apresentados, respectivamente, a seguir:

$$A_{km} = \left(G_{km} + G_{kk}\right)^2 + \left(B_{km} + B_{kk}\right)^2$$

$$B_{km} = G_{km}^2 + B_{km}^2$$

$$C_{km} = \left(B_{km} + B_{kk}\right)\left(G_{km}sen\left(\theta_{km}\right) - B_{km}\cos\left(\theta_{km}\right)\right) - \left(G_{km} + G_{kk}\right)\left(G_{km}cos\left(\theta_{km}\right) + B_{km}\text{sen}\left(\theta_{km}\right)\right)$$

$$D_{km} = \left(G_{km} + G_{kk}\right)\left(G_{km}sen\left(\theta_{km}\right) - B_{km}\cos\left(\theta_{km}\right)\right) - \left(B_{km} + B_{kk}\right)\left(G_{km}cos\left(\theta_{km}\right) + B_{km}\text{sen}\left(\theta_{km}\right)\right)$$

$$E_{km} = A_{km}V_k^2 + B_{km}V_m^2 + 2C_{km}V_kV_m$$

2.4 FLUXOGRAMA

A fim de explicar a forma de se implementar o algoritmo dos MQP aplicado à estimação de estados em sistemas de potência, tem-se o fluxograma representado na Figura 2.3, dividido em blocos.

- Bloco-1: esta etapa consiste na inicialização das variáveis a serem estimadas (geralmente 1 pu para magnitudes de tensão e zero para seus ângulos correspondentes). Além disso, é definido o contador de iterações iguais a $it = 0$.

- Bloco-2: o vetor de medições é formado contemplando todos os tipos de grandezas mensuradas e consideradas em um determinado instante de análise em estado permanente.

- Bloco-3: a matriz jacobiana $\mathbf{H}(\hat{x}^{it})$ é calculada a partir das derivadas das medições em relação às variáveis de estados na iteração *it*.

- Bloco-4: a matriz de ganho $\mathbf{G}(\hat{x}^{it})$ é calculada.

- Bloco-5: as equações normais são aplicadas a fim de determinar a solução em uma dada iteração. Após isso, deve-se verificar a convergência do algoritmo por meio de uma tolerância adotada para a diferença entre a solução obtida naquela iteração e a solução anteriormente considerada. Caso a tolerância seja menor que o valor especificado, geralmente igual a 0,001, o algoritmo converge, fornecendo o estado mais provável do sistema. Em caso contrário, o algoritmo volta para o Bloco-3, calculando-se novamente a matriz jacobiana para uma nova iteração.

- Bloco-6: este bloco indica a atualização do contador de iterações.

- Bloco-7: este bloco indica a finalização do algoritmo, em que o estado mais provável do sistema é fornecido a partir da determinação de cada variável de estado.

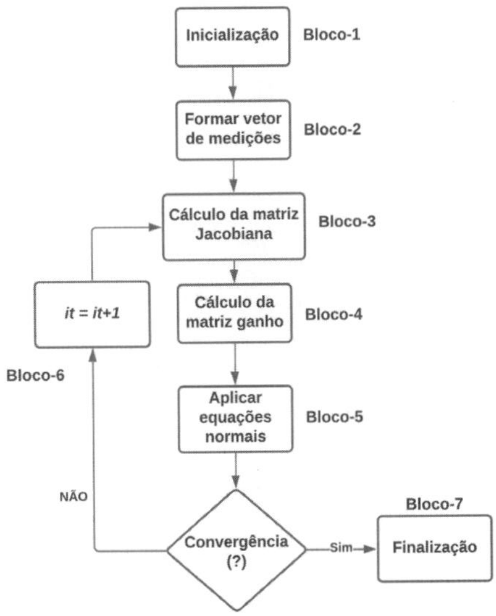

Figura 2.3 – Fluxograma da EE usando MQP.

O algoritmo de estimação de estados é implementado conforme o exposto nesta seção na linguagem de programação Python, usando a ferramenta de código aberto PandaPower [16], podendo o método MQP ser usado, na prática, para estimar estados de redes elétricas de transmissão e distribuição.[1]

2.5 EXEMPLO DE APLICAÇÃO

O algoritmo MQP será aplicado, nesta seção, em um sistema tutorial para permitir compreensão integral do método.

Primeiramente, em um ambiente de simulação, é necessário conhecer a rede a ser monitorada, representando-a em um esquemático barra-ramo, conhecidos os dados de impedâncias para a formação da matriz de admitância, e depois executar o fluxo de potência para o sistema em questão. Note que, na prática, o fluxo de potência não será executado anteriormente à EE. Este é apenas um recurso para permitir a simulação de uma rede elétrica que estaria funcionando de acordo com a condição de carga especificada.

1 Tutorial sobre instalação e uso do Pandapower disponível em:
https://www.youtube.com/playlist?list=PLVLDhcFO9HEQKn920fQd0X8O18LQxnPpp

Na Figura 2.4, tem-se um sistema de 4 barras, sendo a barra 1 a referência angular para o sistema, e seu ângulo adotado como zero, caracterizando-se como uma barra *slack*. Sua tensão é controlada em 1 pu. A segunda e a terceira barra do sistema são do tipo PQ, sendo suas potências ativas e reativas demandadas especificadas a partir de valores em pu. A barra 4 é uma barra de geração PV, possuindo a tensão controlada no valor de 0,98 pu.

Os dados de barra e dados de linha do sistema são dados na Tabela 2.1 e na Tabela 2.2, respectivamente, apresentando os dados de tensões e ângulos especificados bem como as potências geradas e demandas ativas e reativas. Para a compatibilização no código a ser programado, as potências demandadas são adotadas com valores negativos e as geradas com valores positivos.

Os valores de resistência e reatância de uma linha de transmissão são indicados por R e X, respectivamente, e todos os dados são fornecidos em pu.

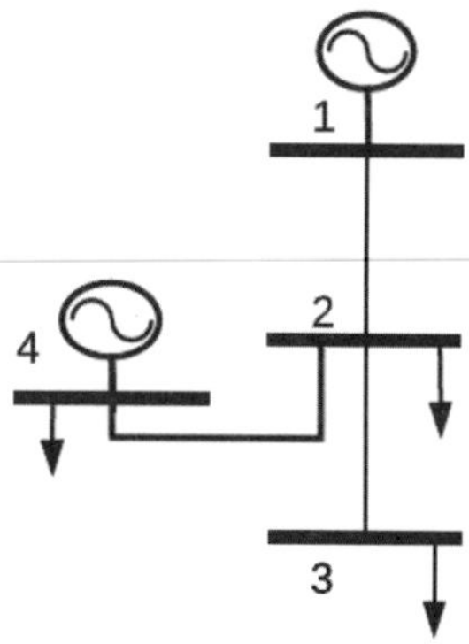

Figura 2.4 – Diagrama unifilar do sistema de 4 barras.

Tabela 2.1 – Dados de barra do sistema tutorial

Barra (*k*)	**V_k(pu)**	**θ_k(o)**	**$P_{d,k}$(pu)**	**$Q_{d,k}$(pu)**	**$P_{d,k}$(pu)**	**$Q_{d,k}$(pu)**
1	1,00	0,00	–	–	–	–
2	–	–	–	–	-0,02	-0,01
3	–	–	–	–	-0.04	-0,01
4	0,98	–	0,09	–	-0.04	-0.02

Tabela 2.2 – Dados de linha do sistema tutorial

De (*k*)	**Para(m)**	**R(pu)**	**X(pu)**	**B/2 (pu)**
1	2	0,20	0,10	–
2	3	0,20	0,10	–
2	4	0,10	0,05	–

A matriz de admitância [Y] do sistema é quadrada e possui dimensão 4 x 4, como pode ser visto pelo sistema:

$$[Y]=\begin{bmatrix} 4 & -4 & 0 & 0 \\ -4 & 16 & -4 & -8 \\ 0 & -4 & 4 & 0 \\ 0 & -8 & 0 & 8 \end{bmatrix}+j\begin{bmatrix} -2 & 2 & 0 & 0 \\ 2 & -8 & 2 & 4 \\ 0 & 2 & -2 & 0 \\ 0 & 4 & 0 & -4 \end{bmatrix}$$

A partir de uma inicialização em que as tensões são iguais a 1 pu e ângulos iguais a zero grau, executa-se um fluxo de potência, a partir de um código ou programa como o Anarede. Valendo-se dessa última opção, tem-se o resultado calculado para o fluxo de potência da rede obtido via Newton-Raphson, obtido em 2 iterações adotando-se uma tolerância de 0,0001 pu.

Os resultados são mostrados na Tabela 2.3 e na Tabela 2.4, contendo as variáveis nodais e fluxos passantes nos ramos do sistema, respectivamente.

Tabela 2.3 – Resultado do fluxo de potência para o sistema tutorial por barra

Barra (k)	V_k(pu)	θ_k(o)	P_k(pu)	Q_k(pu)
1	1,0000	0,0000	0,0171	0,1535
2	0,9817	1,6916	-0,0200	-0,0100
3	0,9724	1,5716	-0.0400	-0,0100
4	0,9800	2,6141	0,0500	-0,1299

Tabela 2.4 – Resultado do fluxo de potência para o sistema tutorial por linha

De (k)	Para(m)	P_{km}(pu)	Q_{km}(pu)
1	2	0,0171	0,1535
2	3	0,0404	0,0102
2	4	-0,0480	0,1309

Para a execução do estimador de estados, os resultados obtidos do fluxo de potência serão adotados como valores de referência, nessa simulação computacional, emulando o comportamento de uma rede real.

Para fins de cômputo do algoritmo, são consideradas as seguintes medições obtidas do sistema, apresentadas na Tabela 2.5, contemplado o plano de medição contendo 10 medições, incluindo a magnitude de tensão nas barras 1 e 2, potências ativas e reativas na barra 2, fluxos ativos e reativos passantes na linha 1-2, 2-3 e 2-4. A covariância adotada é padronizada, neste estudo de caso, por valores típicos adotados na literatura.

Tabela 2.5 – Plano de medição

Número da medição	Grandeza mensurada	Valor (pu)	σ
1	V_1	1,0000	0,004
2	V_2	0,9817	0,004
3	P_2	0,0200	0,010
4	Q_2	0,0100	0,010
5	P_{1-2}	0,0171	0,008
6	P_{2-3}	0,0404	0,008
7	P_{2-4}	-0,0480	0,008
8	Q_{1-2}	0,1535	0,008
9	Q_{2-3}	0,0102	0,008
10	Q_{2-4}	0,1309	0,008

A fim de emular imperfeições do sistema de instrumentação, nessa simulação, um erro aleatório é adicionado a cada valor de medição, sendo modelado por distribuições gaussianas de 100 amostras com média zero e desvio padrão conforme estabelecido na Tabela 2.5. O vetor de medição é, então, definido, sendo composto por 10 elementos.

$$\mathbf{z} = [V_1, V_2, P_2, Q_2, P_{12}, P_{23}, P_{24}, Q_{12}, Q_{23}, Q_{24}]^T$$

O vetor de variáveis de estados a serem estimados pode também ser determinado como a seguir, sendo composto por 7 variáveis. É importante notar que o número de medições deve ser superior a esse número para garantir a observabilidade mínima do sistema. Diz-se que o número de medições é redundante, nesse caso.

$$\hat{\mathbf{x}} = [\theta_2, \theta_3, \theta_4, V_1, V_2, V_3, V_4]^T$$

Para a inicialização do algoritmo, todas as tensões são inicializadas iguais a 1 pu e os ângulos iguais a zero em uma primeira iteração (it = 0).

Posteriormente a essas definições, deve-se formar a matriz jacobiana de medições conforme a seguinte estrutura, tendo dimensão igual ao número de medições pelo número de variáveis de estados (*m x n*). A matriz jacobiana **H**, portanto, terá dimensão igual a 10 x 7.

$$\mathbf{H} = \begin{bmatrix} {}^{dV_k}\!/_{d\theta} & {}^{dV_k}\!/_{dV} \\ {}^{dP_k}\!/_{d\theta} & {}^{dP_k}\!/_{dV} \\ {}^{dQ_k}\!/_{d\theta} & {}^{dQ_k}\!/_{dV} \\ {}^{dP_{km}}\!/_{d\theta} & {}^{dP_{km}}\!/_{dV} \\ {}^{dQ_{km}}\!/_{d\theta} & {}^{dQ_{km}}\!/_{dV} \end{bmatrix} = \begin{bmatrix} \mathbf{H}_{11} & \mathbf{H}_{12} \\ \mathbf{H}_{21} & \mathbf{H}_{22} \\ \mathbf{H}_{31} & \mathbf{H}_{32} \\ \mathbf{H}_{41} & \mathbf{H}_{42} \\ \mathbf{H}_{51} & \mathbf{H}_{52} \end{bmatrix}$$

Cada uma das submatrizes indicadas posteriormente deve ser calculada a partir das derivadas parciais de cada medição em relação às variáveis de estado. No exemplo em questão, essas submatrizes seriam formadas como a seguir:

$$\mathbf{H_{11}} = \begin{bmatrix} {dV_1}/{d\theta_2} & {dV_1}/{d\theta_3} & {dV_1}/{d\theta_4} \\ {dV_2}/{d\theta_2} & {dV_2}/{d\theta_3} & {dV_2}/{d\theta_4} \end{bmatrix}$$

$$\boldsymbol{H_{12}} = \begin{bmatrix} {dV_1}/{dV_1} & {dV_1}/{dV_2} & {dV_1}/{dV_3} & {dV_1}/{dV_4} \\ {dV_2}/{dV_1} & {dV_2}/{dV_2} & {dV_2}/{dV_3} & {dV_2}/{dV_4} \end{bmatrix}$$

$$\mathbf{H_{21}} = \begin{bmatrix} {dP_2}/{d\theta_2} & {dP_2}/{d\theta_3} & {dP_2}/{d\theta_4} \end{bmatrix}$$

$$\boldsymbol{H_{22}} = \begin{bmatrix} {dP_2}/{dV_1} & {dP_2}/{dV_2} & {dP_2}/{dV_3} & {dP_2}/{dV_4} \end{bmatrix}$$

$$\mathbf{H_{31}} = \begin{bmatrix} {dQ_2}/{d\theta_2} & {dQ_2}/{d\theta_3} & {dQ}/{d\theta_4} \end{bmatrix}$$

$$\boldsymbol{H_{32}} = \begin{bmatrix} {dQ_2}/{dV_1} & {dQ_2}/{dV_2} & {dQ}/{dV_3} & {dQ_2}/{dV_4} \end{bmatrix}$$

$$\mathbf{H_{41}} = \begin{bmatrix} {dP_{12}}/{d\theta_2} & {dP_{12}}/{d\theta_3} & {dP_{12}}/{d\theta_4} \\ {dP_{23}}/{d\theta_2} & {dP_{23}}/{d\theta_3} & {dP_{23}}/{d\theta_4} \\ {dP_{24}}/{d\theta_2} & {dP_{24}}/{d\theta_3} & {dP_{24}}/{d\theta_4} \end{bmatrix}$$

$$\boldsymbol{H_{42}} = \begin{bmatrix} {dP_{12}}/{dV_1} & {dP_{12}}/{dV_2} & {dP_{12}}/{dV_3} & {dP_{12}}/{dV_4} \\ {dP_{23}}/{dV_1} & {dP_{23}}/{dV_2} & {dP_{23}}/{dV_3} & {dP_{23}}/{dV_4} \\ {dP_{24}}/{dV_1} & {dP_{24}}/{dV_2} & {dP_{24}}/{dV_3} & {dP_{24}}/{dV_4} \end{bmatrix}$$

$$\mathbf{H_{51}} = \begin{bmatrix} {dQ_{12}}/{d\theta_2} & {dQ_{12}}/{d\theta_3} & {dQ_{12}}/{d\theta_4} \\ {dQ_{23}}/{d\theta_2} & {dQ_{23}}/{d\theta_3} & {dQ_{23}}/{d\theta_4} \\ {dQ_{24}}/{d\theta_2} & {dQ_{24}}/{d\theta_3} & {dQ_{24}}/{d\theta_4} \end{bmatrix}$$

$$\boldsymbol{H_{52}} = \begin{bmatrix} {dQ_{12}}/{dV_1} & {dQ_{12}}/{dV_2} & {dQ_{12}}/{dV_3} & {dQ_{12}}/{dV_4} \\ {dQ_{23}}/{dV_1} & {dQ_{23}}/{dV_2} & {dQ_{23}}/{dV_3} & {dQ_{23}}/{dV_4} \\ {dQ_{24}}/{dV_1} & {dQ_{24}}/{dV_2} & {dQ_{24}}/{dV_3} & {dQ_{24}}/{dV_4} \end{bmatrix}$$

Na primeira iteração, calculando-se as derivadas indicadas anteriormente, a matriz jacobiana de medições seria igual a:

$$\mathbf{H} = \begin{bmatrix} 0 & 0 & 0 & 1 & 0 & 0 & 0 \\ 0 & 0 & 0 & 0 & 1 & 0 & 0 \\ 8 & -2 & -4 & -4 & 16 & -4 & -8 \\ -16 & 4 & 8 & -2 & 8 & -2 & -4 \\ -2 & 0 & 0 & 4 & -4 & 0 & 0 \\ 2 & -2 & 0 & 0 & 4 & -4 & 0 \\ 0 & 0 & 0 & 0 & 0 & 0 & 0 \\ 4 & 0 & 0 & 2 & -2 & 0 & 0 \\ -4 & 4 & 0 & 0 & 2 & -2 & 0 \\ 0 & 0 & 0 & 0 & 0 & 0 & 0 \end{bmatrix}$$

A matriz ganho será computada pela expressão a seguir, sendo, portanto, quadrada e de dimensão 7 x 7, considerando a matriz **R** diagonal composta pelas variâncias das medições, calculadas pelos desvios padrões indicados na Tabela 2.5.

$$\mathbf{G} = [\mathbf{H}]^T \mathbf{R}^{-1} [\mathbf{H}]$$

$$\mathbf{R} = \begin{bmatrix} \sigma_1^{\ 2} & \cdots & 0 \\ \vdots & \ddots & \vdots \\ 0 & \cdots & \sigma_{10}^{\ 2} \end{bmatrix}$$

Na Tabela 2.6, são mostrados os resíduos das variáveis atualizadas iterativamente, mostrando uma convergência rápida em 3 iterações, quando todos os resíduos estão abaixo do valor especificado de tolerância.

Tabela 2.6 – Resultado de convergência da EE

$\Delta\hat{x}^{it}$(pu)	$it = 1$	$it = 2$	$it = 3$
$\Delta\theta_2^{\ it}$	0,0290	0,0006	0,0276 e-6
$\Delta\theta_3^{\ it}$	0,0270	0,0005	0,0516 e-6
$\Delta\theta_4^{\ it}$	0,0444	0,0012	-0,6483 e-6
$\Delta V_1^{\ it}$	-0,0001	-0,0002	-0,2036 e-6
$\Delta V_2^{\ it}$	-0,0188	0,0002	0,0262 e-6
$\Delta V_3^{\ it}$	-0,0279	0,0000	0,0662 e-6
$\Delta V_4^{\ it}$	-0,0211	0,0009	0,2993 e-6

Em um ambiente de simulação computacional, é comum comparar os resultados obtidos pela EE com os do fluxo de potência, sendo esses últimos adotados como valores reais. A diferença relativa percentual entre os valores estimados e reais deve ser bem reduzida a fim de atestar a eficácia do método de estimação utilizado.

Na Tabela 2.7, são mostrados os valores de magnitude de tensão estimados, reais e seus erros de estimação correspondentes. Na Tabela 2.8, as análises são feitas de maneira análoga para os ângulos de fase de tensão.

Tabela 2.7 – Resultado de magnitudes de tensão estimadas

Barra (k)	V_k(Estimado)	V_k(Real)	$Erro_k$(%)
1	0,9997	1,0000	0,0260
2	0,9814	0,9817	0,0291
3	0,9721	0,9724	0,0290
4	0,9798	0,9800	0,0305

Tabela 2.8 – Resultado de ângulos de tensão estimados

Barra (k)	θ_k(Estimado)	θ_k(Real)	Erro$_k$(%)
1	0,0000	0,0000	-
2	1,6931	1,6916	0,0881
3	1,5732	1,5716	0,1023
4	2,6163	2,6141	0,0841

É notório que os erros são menores que 1%, evidenciando o sucesso da implementação do algoritmo de estimação. Os erros da estimação de ângulos são mais expressivos, nesse caso, em comparação aos erros de magnitude de tensão, uma vez que não foram usadas medições angulares nem de tensão nem de corrente, as quais seriam obtidas por PMUs na prática.

Na primeira iteração, o valor da função objetivo calculado é 5,75. Já na segunda iteração, o mesmo cai para 0,0055. O valor da função objetivo calculada ao final das três iterações é 1,38e-5. Quanto menor for esse valor, maior é o indicativo de que o processo foi realizado de maneira satisfatória.

A partir dos valores de tensões fasoriais estimadas em cada barra do sistema, é possível calcular todas as outras grandezas a partir da aplicação de leis de Kirchhof. É comum, para validar a EE, calcular os resíduos das medições como a diferença entre os valores estimados e os mensurados, como mostrado na Tabela 2.9.

Tabela 2.9 – Resíduos de medição

Número da medição	Grandeza mensurada	Valor mensurado (pu)	Valor estimado (pu)	Módulo do resíduo (pu)
1	V_1	1,0000	0,9996	0,0004
2	V_2	0,9817	0,9814	0,0003
3	P_2	0,0200	0,0202	0,0002
4	Q_2	0,0100	0,0102	0,0002
5	P_{1-2}	0,0171	0,0168	0,0003
6	P_{2-3}	0,0404	0,0402	0,0002
7	P_{2-4}	-0,0480	-0,0482	0,0002
8	Q_{1-2}	0,1535	0,1538	0,0003
9	Q_{2-3}	0,0102	0,0105	0,0003
10	Q_{2-4}	0,1309	0,1305	0,0004

O cálculo dos resíduos de medição é de fundamental importância para validar o processo de estimação de estados em SEPs pois, a partir deles, será possível identificar erros grosseiros e intrusão de ataques cibernéticos, como será abordado posteriormente nesta obra.

Uma análise estatística também pode e deve ser realizada para o algoritmo, uma vez que as medições são modeladas a partir de imperfeições pela introdução de erros aleatórios com distribuições gaussianas de média zero e desvio padrão conhecido. É comum que, durante a execução da EE, resultados ligeiramente diferentes sejam encontrados a cada execução, devido à aleatoriedade das medições simuladas. Nesse caso, após a execução de um certo número de vezes do mesmo algoritmo, cada variável assumirá um valor médio com um desvio padrão calculável. É esperado que, como os erros dos medidores emulados são pequenos, os valores centrais não sofram dispersão estatística considerável em relação ao valor médio das respostas correspondentes.

Para um segundo caso de estudo, a fim de emular a alocação de uma PMU na barra 2 do sistema tutorial de 4 barras, o ângulo dela será contemplado como mensurando havendo 11 medições ao total. Após a convergência em 3 iterações, o valor da função objetivo é 0,0057 para esse caso.

Na Tabela 2.10, são apresentados os resultados da estimação de ângulos de tensão em cada barra do sistema para esse segundo estudo de caso a fim de se comparar os resultados de estimação angular usando as PMUs.

Tabela 2.10 – Resultado de ângulos de tensão estimados – caso II

Barra (k)	θ_k(Estimado)	θ_k(Real)	Erro$_k$(%)
1	0,0000	0,0000	–
2	1,6922	1,6916	0,0327
3	1,5720	1,5716	0,0254
4	2,6151	2,6141	0,0372

Pode-se observar que, nesse caso, os erros de estimação dos ângulos são reduzidos em relação ao caso de estudo anterior (mostrados na Tabela 2.8). Vale a pena ressaltar que, apesar de haver apenas uma medição de ângulo no sistema, os erros de estimação foram reduzidos, sendo apenas o segundo algarismo do erro percentual notável tanto para as estimativas de magnitudes e fases de tensão. Tal fato corrobora, de maneira prática, para o quanto o advento dos medidores fasoriais sincronizados permite melhorar o desempenho dos estimadores de estado.

O algoritmo MQP é o mais tradicional artifício matemático que permite a implementação do estimador de estados em SEPs. Entretanto, existem outras variações comumente utilizadas nos sistemas de transmissão. Por serem bastante exploradas em outras referências, elas serão apenas citadas neste livro, incluindo o método desacoplado, o método de Peters e Wilkinson e abordagens de matriz jacobiana expandida [5].

Para determinar a alocação ótima de medidores também são propostos diversos algoritmos na literatura que visam minimizar a função objetivo da estimação de estados, tentando reduzir ao máximo o erro de estimação em ambientes de simulação considerando quantidade mínima de medidores alocados [17, 18, 19]. A aplicação de técnicas baseadas em modelos de otimização para alocação de medidores fasoriais no contexto de redes elétricas inteligentes será explicitada no próximo capítulo.

CAPÍTULO 3

APLICAÇÃO EM REDES ELÉTRICAS INTELIGENTES

3.1 CONSIDERAÇÕES INICIAIS

A metodologia tradicional de estimação de estados, solucionada através dos mínimos quadrados ponderados, é aplicada em larga escala nos sistemas de transmissão, monitorados pelo ONS, no caso do SIN. As redes de alta tensão são monitoradas continuamente por meio do uso de *softwares* que cumprem a função dos sistemas Scada e, atualmente, com o advento de PMUs, é possível mesclar diferentes tipos de medição para executar ferramentas essenciais destinadas à análise de segurança dos sistemas elétricos. Esses sistemas possuem redundância de medição, número elevado de sensores alocados e são tradicionalmente controlados e supervisionados nos centros de controle [5].

Na Figura 3.1, tem-se a representação de um sistema típico de transmissão contendo 14 barras, dentre as quais 5 são barras de geração e as demais são de carga, representando subestações que demandam energia essencialmente. Note-se que as barras são interligadas entre si, havendo diversos caminhos possíveis para a energia que sai das usinas geradoras chegar até os consumidores finais. Diz-se que essa topologia é malhada, sendo, portanto, comumente utilizada em sistemas de transmissão e subtransmissão.

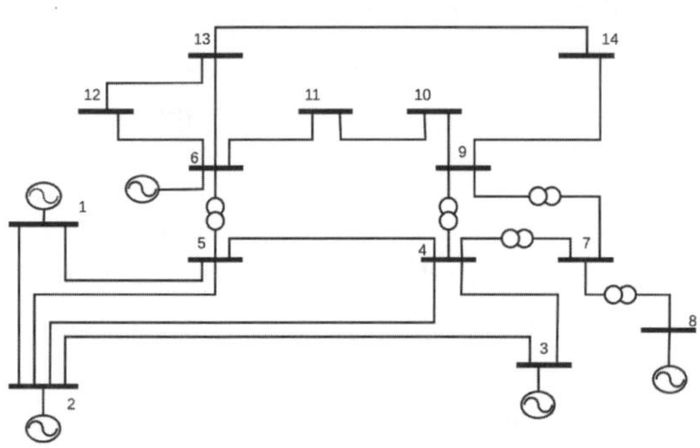

Figura 3.1 – Sistema de 14 barras de transmissão.

Em contrapartida, os sistemas de distribuição apresentam uma topologia predominante do tipo radial, em que a principal fonte de energia é a barra que representa a subestação que alimenta a rede de média tensão. O fluxo geralmente é unidirecional, partindo da subestação em direção aos consumidores finais, que atuam de maneira passiva demandando energia elétrica em redes tradicionais.

Na Figura 3.2, tem-se um diagrama unifilar representativo de um sistema radial contendo 18 barras. Note-se que, neste exemplo, a fonte principal do sistema é a barra 1, a qual indica a localização da subestação (SE). Neste exemplo ilustrativo, ainda existem duas unidades de geração distribuída denominadas GD-1 e GD2, alocadas, respectivamente, nas barras 7 e 14. Essas unidades geradoras estão situadas próximo aos consumidores. Seriam exemplos de geração distribuída o uso de geradores de emergência a diesel, por exemplo.

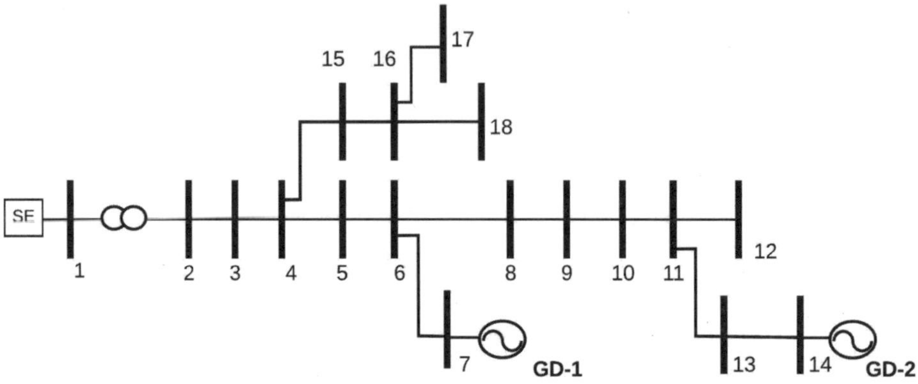

Figura 3.2 – Sistema de 18 barras de distribuição.

Os sistemas de média e baixa tensão apresentam uma carência de medidores instalados em campo, de forma que as informações coletadas da rede são escassas quando comparadas às redes de transmissão [20]. Para se estabelecer um centro de controle, comando e monitoramento nos sistemas de distribuição, os responsáveis técnicos nas concessionárias utilizam uma quantidade limitada de dados de medição obtidas em tempo real, geralmente tensões e correntes mensuradas em subestações. São raros os casos, principalmente no Brasil, em que alimentadores de distribuição são inteiramente monitorados em tempo real por um centro de controle.

As concessionárias ainda se valem de informações sobre status de disjuntores que definem a configuração e topologia da rede, tapes de transformadores, entre outros dados que podem ser usados para estimar grandezas elétricas em sistemas radiais [14].

É comum, ainda, o uso de múltiplas pseudomedidas com baixa acurácia a fim de restaurar a observabilidade do sistema e permitir a obtenção das estimativas de tensão e ângulos em todas as barras [21]. Essas pseudomedidas são geralmente informações históricas baseadas no faturamento de consumo de energia mensal dos consumidores conectados à rede.

Os consumidores especiais conectados aos sistemas de distribuição, como indústrias de grande porte, possuem medições contínuas de sua demanda e fator de potência, regularmente inspecionados [3]. Entretanto, a grande maioria dos consumidores residenciais e comerciais possuem variações em seu consumo tradicionalmente não mensuradas em tempo real. Tal fato faz com que a imprecisão das pseudomedidas seja ainda maior.

Como exemplo, na Figura 3.3 mostra-se a variação da potência em kW ao longo de 24 horas diárias de um consumidor típico. Note que os valores variam de acordo com o passar das horas do dia, assumindo limites inferiores e superiores, os quais podem ser obtidos a partir de excursionamentos percentuais para cima e para baixo em relação ao valor de demanda média. Esses valores podem ser, em geral, nos sistemas de distribuição, de até ±10%, considerando operação normal e segura. Entretanto, os perfis diários de carga possuem grande incerteza em relação à sua variação dependendo da posição geográfica, utilização de carga, sazonalidade, e o valor exato desse excursionamento pode ser cada vez maior quando se consideram períodos superiores. Daí o fato de as pseudomedidas serem extremamente pouco confiáveis ao serem utilizadas, pois, além de serem informações acerca de demanda agregada em um transformador que atende um certo número de consumidores com características diferentes, as variações durante o período de tempo analisado podem ser consideráveis para se usar tais informações para a estimação de estados em tempo real.

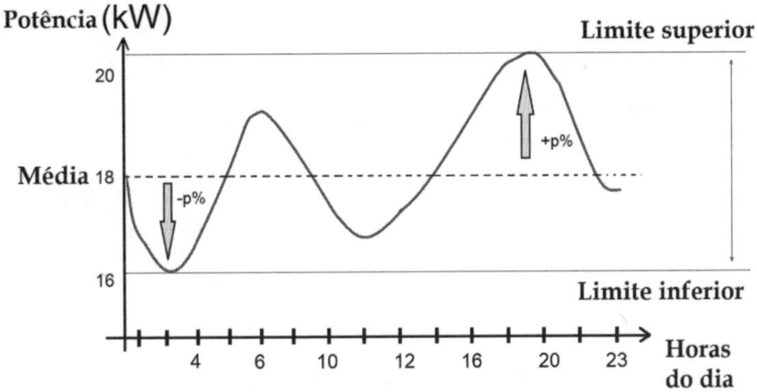

Figura 3.3 – Curva típica de carga diária.

Faz-se necessário, então, o desenvolvimento de algoritmos computacionais que lidem com a escassez de medidores precisos alocados ao longo de alimentadores radiais longos, com muitas barras e centros de carga não monitorados.

Percebe-se a urgência do tema devido à inserção de cargas com características não lineares, dispositivos de eletrônica de potência e interface para integração energética, principalmente para conexão de painéis fotovoltaicos e usinas eólicas. Apesar de todos os benefícios da geração distribuída nos sistemas elétricos, como a variabilidade da matriz energética, possibilidade de redução de perdas elétricas, utilização de recursos tecnológicos, o uso de fontes intermitentes, ainda representa um desafio para os operadores do sistema, uma vez que essas fontes são altamente dependentes de fatores externos ambientais, como irradiação solar e velocidade dos ventos, os quais variam de maneira abrupta durante o dia [22].

A introdução em larga escala de energia renovável nas redes pode resultar em desvios significativos da frequência fundamental, afetando a inércia do sistema principalmente durante operação ilhada de microrredes [23, 24], causando um aumento de proliferação de correntes harmônicas e sobretensões [22], sendo cada vez mais necessário desenvolver métodos que permitam monitorar e supervisionar os sistemas de média tensão a fim de evitar tais problemas, seja por redespacho de unidades geradores, controle de tensão ou corte de cargas. A introdução de unidades geradoras dispersas em redes de média tensão pode ocasionar os denominados fluxos reversos de energia, em que o consumidor passa de um papel passivo, em que apenas demandaria energia da rede, para um papel ativo, em que atua injetando potência na rede da concessionária. Em certos momentos do dia, esses consumidores ativos poderiam injetar quantidades expressivas de potência ativa na rede, causando problemas de fluxo reverso [22, 25].

Tradicionalmente, o fluxo é unidirecional nos sistemas de distribuição. Entretanto, com o crescente uso de geração distribuída, há a possibilidade de o fluxo se tornar bidirecional, havendo fluxos reversos em determinadas horas do dia em subestações de média tensão e transformadores, o que afeta a vida útil de equipamentos e pode causar danos à instalação elétrica [25].

O uso de micro-PMUs tem se intensificado nas pesquisas acadêmicas considerando a possibilidade do estabelecimento de um sistema supervisório e de aquisição de dados moderno e sofisticado dentro do contexto de infraestruturas de medição avançadas [26]. A possibilidade de usar um número limitado de PMUs com a finalidade de monitorar continuamente as variáveis de interesse em redes elétricas permite o estabelecimento, de fato, das denominadas *smart grids* [27].

Apesar de o conceito de *smart grid* depender de fatores históricos, sociais e estruturais de um país, no Brasil, o estabelecimento de redes elétricas inteligentes objetiva a concepção de um sistema que tenha capacidade de suportar fontes diversas de geração, com unidades próximas aos consumidores e, além disso, que esse sistema seja corretamente monitorado em tempo real, de tal modo que ações possam ser tomadas em centros de controle com o propósito de melhor controlar as variáveis do sistema e manter padrões de qualidade de energia e segurança das redes.

Tal fato abre espaço para uma gama de possibilidades de novas implementações computacionais dos estimadores de estado, contemplando a mesclagem de tipos múltiplos de medição, como as sincronizadas e não sincronizadas, mesmo que possuam taxas de amostragem e envios ao centro de controle diferentes umas das outras, bem como diferentes classes de exatidão. Todas as informações obtidas da rede podem ser úteis para restaurar sua observabilidade, permitindo formar uma base de dados que subsidie a implementação de sistemas automatizados confiáveis e robustos para monitoramento de redes elétricas.

Vale a pena ressaltar que, devido à carência de tipos de medidores avançados que sejam capazes de monitorar em tempo real grandezas elétricas na frequência fundamental e harmônicas múltiplas dessa, o uso de campanhas de medição é muito comum, sendo um medidor instalado temporariamente em alguma localidade com problemas comprovados, permanecendo um certo período de tempo a fim de se avaliar posteriormente qual a causa do problema daquele ponto de conexão. Tal procedimento demanda um tempo custoso e indesejado, sendo necessário desenvolver técnicas mais arrojadas e atuais para estabelecer sistemas de monitoramento em redes elétricas de distribuição para poder transitar rumo às *smart grids*.

Neste capítulo, serão mostrados alguns métodos novos e atuais, de acordo com referências bibliográficas sobre o tema que permitem estimar estados em sistemas de distribuição.

3.2 CORRENTES RAMAIS COMO VARIÁVEIS DE ESTADOS

Uma das principais ferramentas que permitem a análise de sistemas elétricos de potência de distribuição com topologia radial são os métodos desenvolvidos por Mesut Baran [28]. Uma das principais vantagens de uma de suas publicações nesse contexto é o uso do MQP considerando as variáveis de estados em coordenadas retangulares [28], contrapondo-se ao método tradicional, em que ângulos e magnitudes de tensão são estimados primordialmente em coordenadas polares.

Uma característica importante de sua pesquisa foi o desenvolvimento dos estimadores em coordenadas retangulares e a consideração de correntes ramais como variáveis de estados a serem estimadas. Tal escolha, extremamente pertinente, condiz com a necessidade do sistema de distribuição, o qual possui uma densidade de carga menor se comparada aos de transmissão, linhas mais curtas, abertura angular entre barras consecutivas pouco expressiva, o que pode dificultar a obtenção de resultados em sistemas com poucas medições instaladas em campo.

Desta forma, considera-se para o vetor de medições grandezas como parte real de um fasor de tensão nodal (V_k^r) e sua parte imaginária (V_k^m); valores de corrente ramal divididos em partes real e imaginária (I_{km}^r) e (I_{km}^m), respectivamente). Esses valores, na prática, podem ser obtidos através dos fasores de tensões nodais e correntes passantes nas linhas conectadas às unidades de medição fasoriais sincronizadas, as quais podem fornecer magnitude e ângulo de uma grandeza bem como suas partes reais e imaginárias em coordenadas retangulares.

Além dessas medições, pode-se utilizar ainda valores de pseudomedidas como $\boldsymbol{P}_k$ e Q_k em cada barra não monitorada por PMU, por exemplo. Essas informações podem ser obtidas através da agregação de informações coletadas para cada consumidor conectadas em um centro de carga, podendo ser informações médias mensais ou medidas advindas de medidores inteligentes instalados próximo aos consumidores. No primeiro caso, as classes de exatidão podem chegar a 50%. Já quando os medidores inteligentes são considerados, é possível atribuir erros iguais ou menores que 10% somente devido à agregação de múltiplos medidores instalados em um dado número de consumidores monitorados regularmente [14].

Dessa forma, tem-se o vetor de medições conforme expresso na equação a seguir:

$$\mathbf{z} = \left[V_k^r, \ldots, V_k^m, \ldots, I_{km}^r, \ldots, I_{km}^m, \ldots, P_k, \ldots, Q_k \right]^T$$

Analogamente, o vetor de variáveis de estados será formado por todas as correntes passantes em cada uma das linhas do sistema a ser monitorado, conforme expresso a seguir, sendo que N_l representa o número total de linhas do sistema. O número de elementos dentro deste vetor será igual a duas vezes o número de trechos de linhas de distribuição, uma vez que cada corrente passante em um trecho será considerado dividido em duas partes, real e imaginária.

$$\hat{\mathbf{x}} = \left[I_{km}^r, I_{km}^m, \ldots, I_{N_l}^r, I_{N_l}^m \right]^T$$

Assim como no método tradicional, é necessário estimar as variáveis de estados iterativamente a partir de um "chute" inicial. As correntes ramais podem ser estipuladas a partir dos valores de potências demandadas da rede e dos valores de tensão adotados como 1 pu, ou a execução de um fluxo de potência anterior pode ser realizado a fim de se inicializar o vetor de maneira satisfatória, evitando que a resposta obtida seja um ótimo local não viável para a aplicação do método.

De forma análoga ao método MQP clássico, é necessário calcular a matriz jacobiana de medições a partir de derivadas parciais dc primeira ordem e depois computar os valores da matriz ganho.

A partir de modelos de redes, pode-se aplicar as leis de Kirchhof a fim de obter as grandezas elétricas a serem calculadas em função das variáveis de estado, as quais, nesse caso, são correntes ramais em coordenadas retangulares.

A tensão fasorial $\dot{V}_k$ em uma barra genérica em um alimentador radial é igual à tensão na barra de referência ($\dot{V}_{SE}$), geralmente a subestação, menos a queda de tensão ao longo do trecho compreendido entre elas, de tal forma que a expressão a seguir é válida considerando Z_l e I_l como a impedância de cada ramo da rede e a corrente fasorial passante na linha. N_l denota o número total de linhas entre a barra de referência e a barra em que a tensão está sendo calculada.

$$\dot{V}_k = \dot{V}_{SE} - \sum_{l=1}^{N_l} Z_l \dot{I}_l$$

A impedância de um trecho da rede é dada pelo valor de resistência R_{km} e reatância X_{km} da linha conectando uma certa barra k a uma barra m, como em:

$$Z_l = R_{km} + j.X_{km}$$

Separando-se em partes real e imaginária, tem-se as seguintes equações algébricas calculadas a partir de suas partes real e imaginárias respectivas:

$$V_k^r = V_{SE}^r - \sum_{l=1}^{N_l} \left(Z_l^r I_l^r - Z_l^m I_l^m \right)$$

$$V_k^m = V_{SE}^m - \sum_{l=1}^{N_l} \left(Z_l^r I_l^m + Z_l^m I_l^r \right)$$

As correntes injetadas em cada barra serão dadas como somatório de todas as correntes que se encontram uma barra genérica do sistema, como mostrado em:

$$\dot{I}_k = \sum_{m \in K} \dot{I}_{km}$$

Separando-se nas partes real e imaginária, tem-se:

$$I_k^r = \sum_{m \in K} I_{km}^r$$

$$I_k^m = \sum_{m \in K} I_{km}^m$$

Sabe-se que, para determinar os valores de potências ativas e reativas em coordenadas retangulares, basta usar as expressões seguintes:

$$P_k = V_k^r I_k^r + V_k^m I_k^m$$

$$Q_k = V_k^r I_k^m - V_k^m I_k^r$$

Para a matriz jacobiana, é necessário estabelecer as derivadas das medições em relação às variáveis conforme as seguintes equações:

- Derivadas de tensões em coordenadas retangulares em relação às variáveis de estados:

$$\frac{dV_k^r}{dI_{km}^r} = R_{km}$$

$$\frac{dV_k^r}{dI_{km}^m} = X_{km}$$

$$\frac{dV_k^m}{dI_{km}^r} = -X_{km}$$

$$\frac{dV_k^m}{dI_{km}^m} = -R_{km}$$

- Derivadas de correntes em coordenadas retangulares em relação às variáveis de estados:

$$\frac{dI_{km}^r}{dI_{km}^r} = 1$$

$$\frac{dI_{km}^r}{dI_{km}^m} = 0$$

$$\frac{dI_{km}^m}{dI_{km}^r} = 0$$

$$\frac{dI_{km}^m}{dI_{km}^m} = 1$$

- Derivadas de potências ativas e reativas em relação às variáveis:

$$\frac{dP_k}{dI^r_{km}} = V^r_k$$

$$\frac{dP_k}{dI^m_{km}} = -V^r_k$$

$$\frac{dQ_k}{dI^r_{km}} = V^m_k$$

$$\frac{dQ_k}{dI^r_{km}} = -V^m_k$$

Como é perceptível, a simples troca de sistemas de coordenadas permite que as derivadas parciais de primeira ordem sejam mais facilmente encontradas a partir de expressões mais compactas, o que exige menos esforço computacional e garante maior robustez ao processo de EE.

O processo para determinar o vetor solução consiste em aplicar as equações normais iterativamente, similarmente ao método tradicional, ao se resolver as equações a seguir:

$$\hat{\mathbf{x}}^{it+1} = \hat{\mathbf{x}}^{it} + \left[\mathbf{G}\left(\hat{\mathbf{x}}^{it}\right)\right]^{-1} . \left[\mathbf{H}\left(\hat{\mathbf{x}}^{it}\right)\right]^{T} .\mathbf{R}^{-1} . \left[\mathbf{z} - \phi\left(\hat{\mathbf{x}}^{it}\right)\right]$$

$$\mathbf{G}\left(\hat{\mathbf{x}}^{\mathrm{it}}\right) = \left[\mathbf{H}\left(\hat{\mathbf{x}}^{\mathrm{it}}\right)\right]^{\mathrm{T}} \mathbf{R}^{-1} \left[\mathbf{H}\left(\hat{\mathbf{x}}^{it}\right)\right]$$

A matriz de covariâncias R será formada pelos valores de desvios padrões associados a cada tipo de medição. É comum adotar classes de exatidão para as PMUs de até 1% no máximo e, em contrapartida, para as pseudomedidas, valores superiores a 10% são utilizados na prática.

Em um ambiente de simulação computacional, é importante notar que o uso de um número reduzido de PMUs é comumente adotado, enquanto um número alto de pseudomedidas é usado a fim de restaurar a observabilidade do sistema. Note-se que, nesse caso, devido à existência de muitas medições com pouca acurácia, os resultados ficam sujeitos a uma grande aleatoriedade, afetando demasiadamente a resposta da EE.

Uma possível solução é considerar a alocação de maior número de PMUs precisas a serem instaladas no sistema monitorado a fim de reduzir a aleatoriedade da resposta estimada, dando maior confiabilidade e estabilidade numérica ao processo. Entretanto, deve-se considerar que o preço de medidores fasoriais sincronizados é mais alto em relação aos medidores tradicionais, o que pode culminar em um projeto, na prática, inviável economicamente.

Uma forma simples de alocar um número mínimo de PMUs em sistemas de distribuição baseia-se na alocação de um medidor desse tipo na subestação principal. Posteriormente, não se aloca PMU na barra adjacente a ela. Dessa forma, saltando sempre uma barra, aloca-se uma PMU na seguinte, de tal forma que todas as correntes passantes nas linhas sejam monitoradas em tempo real pelos sensores instalados em campo.

Na Figura 3.4, um sistema radial de 33 barras é representado por um diagrama unifilar simples. A barra 33 representa a subestação (única fonte de energia para o sistema de média tensão), enquanto as demais 32 barras são de cargas representando consumidores passivos.

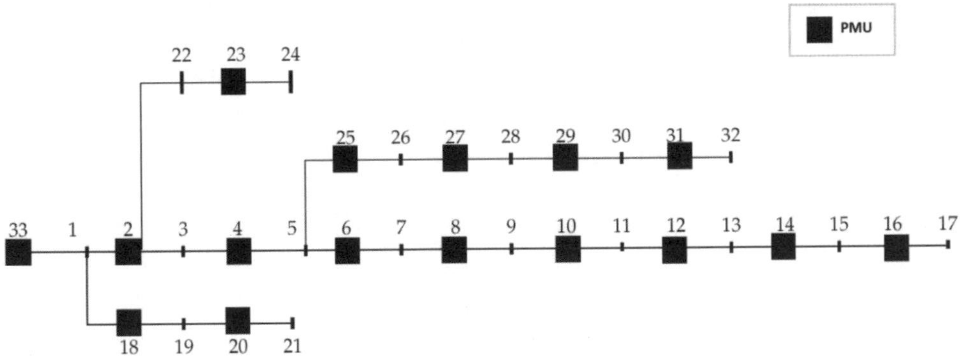

Figura 3.4 – Sistema de 33 barras com 16 PMUs.

Nesse exemplo ilustrativo, não é necessário instalar PMUs em todas as barras do sistema, sendo alocadas nas barras de número 2, 4, 6, 8, 10, 12, 14, 16, 18, 20, 23, 25, 27, 29 e 31, resultando em 16 PMUs. Tal procedimento de alocação, apesar de simples, permite que o sistema seja observável, uma vez que todas as correntes ramais estão sendo monitoradas em tempo real.

As medições obtidas da rede nesse caso são os fasores de tensão nas barras nas quais PMUs são consideradas e as correntes passantes nas linhas conectadas às unidades de medição tanto a justante quanto a montante.

Note-se que, por exemplo, a tensão na barra 3 não é monitorada por nenhum medidor específico, entretanto, a PMU localizada na barra 2 mensura a corrente que passa de 2 para 3; e a PMU localizada na barra 4 mensura a corrente que passa de 3 para 4. Dessa forma, todas as correntes passantes são monitoradas, havendo a restauração da observabilidade do sistema através do uso de um número mínimo de PMUs alocadas na rede.

É interessante notar que os fasores de tensão e corrente podem ser utilizados em coordenadas polares ou retangulares, dependendo da implementação computacional adotada para o processo de EE.

A fim de complementar as informações trazidas pelas PMUs, é possível utilizar pseudomedidas de potência ativa e reativa para as barras de carga não monitoradas no exemplo ilustrativo. Dessa forma, informações acerca de P_k e Q_k associadas às barras 3, 5 e 7, por exemplo, podem ser utilizadas no processo de estimação, fornecendo um maior número de dados acerca do sistema.

Essas pseudomedidas podem ser dados provenientes de informações históricas baseadas no padrão de consumo daquele centro de carga ou informações agregadas de medidores inteligentes instalados na baixa tensão próximo aos consumidores.

3.3 EXEMPLO DE APLICAÇÃO

O mesmo exemplo ilustrativo usado na Seção 2.6 do capítulo anterior será utilizado neste exercício de fixação para demonstrar a resolução do problema de EE considerando as variáveis de estado como as correntes passantes nas linhas, em coordenadas retangulares.

A Figura 3.5 apresenta o sistema tutorial de 4 barras com PMUs instaladas nas barras 1 e 2. O vetor de variáveis de estados será determinado por um número igual a duas vezes o número total de linhas do sistema, sendo formado por seis elementos, portanto:

$$\hat{\mathbf{x}} = \left[I_{1-2}^r, I_{1-2}^m, I_{2-3}^r, I_{2-3}^m, I_{2-4}^r, I_{2-4}^m \right]^T$$

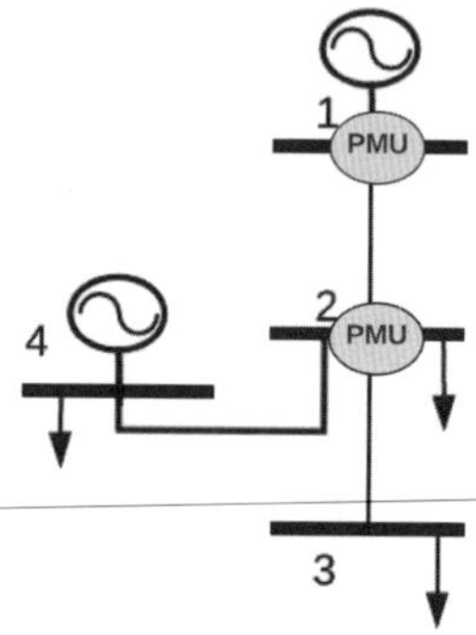

Figura 3.5 – Sistema tutorial com 2 PMUs alocadas.

Considerando o plano de medição a partir das 2 PMUs instaladas nas barras 1 e 2, tem-se as grandezas mensuradas conforme a Tabela 3.1, sendo o vetor de medições formado por 10 elementos conforme a seguinte equação:

$$\mathbf{z} = \left[V_1^r, V_1^m, V_2^r, V_2^m, I_{1-2}^r, I_{1-2}^m, I_{2-3}^r, I_{2-3}^m, I_{2-4}^r, I_{2-4}^m \right]^T$$

Tabela 3.1 – Plano de medição do sistema tutorial

Número da medição	Grandeza mensurada	Valor (pu)	σ
1	V_1^r	1,0000	0,004
2	V_1^m	0,0000	0,004
3	V_2^r	0,9812	0,004
4	V_2^m	0,0290	0,004
5	I_{1-2}^r	0,0171	0,008
6	I_{1-2}^m	-0,1535	0,008
7	I_{2-3}^r	0,0414	0,008

8	I_{2-3}^{m}	-0,0092	0,008
9	I_{2-4}^{r}	-0,0449	0,008
10	I_{2-4}^{m}	-0,1309	0,008

Constrói-se a matriz jacobiana de medições, determina-se a matriz ganho da estimação de estados para obter a solução iterativamente por meio da aplicação das equações normais.

Primordialmente, tem-se as estimativas de correntes conforme a seguir, após 3 iterações, e, aplicando-se as leis de Kirchhof, pode-se estimar os valores de tensão em cada barra do sistema posteriormente, chegando-se aos resultados detalhados nas Tabelas 3.2 e 3.3.

Tabela 3.2 – Resultado de magnitudes de tensão estimadas

Barra (*k*)	V_k(Estimado)	V_k(Real)	$Erro_k$(%)
1	0,9998	1,0000	0,0256
2	0,9815	0,9817	0,0284
3	0,9722	0,9724	0,0284
4	0,9799	0,9800	0,0295

Tabela 3.3 – Resultado de ângulos de tensão estimados

Barra (*k*)	θ_k(Estimado)	θ_k(Real)	$Erro_k$(%)
1	0,0000	0,0000	–
2	1,6914	1,6916	0,0274
3	1,5719	1,5716	0,0272
4	2,6141	2,6141	0,0298

Pode-se perceber que os resultados são estimados de maneira satisfatória, uma vez que medições fasoriais são utilizadas durante o processo de estimação, levando a erros extremamente reduzidos para os valores de magnitudes e ângulos das grandezas estimadas. Os resíduos das medições podem ser observados na Tabela 3.4, com valores extremamente minimizados.

Tabela 3.4 – Resíduos de medição

Número da medição	Grandeza mensurada	Valor mensurado (pu)	Valor estimado (pu)	Módulo do Resíduo (pu)
1	V_1^r	1,0000	1,0002	0,0002
2	V_1^m	0,0000	0,0001	0,0001
3	V_2^r	0,9812	0,9813	0,0002
4	V_2^m	0,0290	0,0289	0,0001

5	I^r_{1-2}	0,0171	0,0174	0,0003
6	I^m_{1-2}	-0,1535	-0,1537	0,0002
7	I^r_{2-3}	0,0414	0,0412	0,0002
8	I^m_{2-3}	-0,0092	-0,0095	0,0003
9	I^r_{2-4}	-0,0449	-0,0446	0,0003
10	I^m_{2-4}	-0,1309	-0,1307	0,0002

O valor da função objetivo ao final do processo de estimação resulta em 1,89, valor similar aos encontrados ao se utilizar coordenadas polares, como nos métodos tradicionais apresentados no Capítulo 2.

3.4 ESTIMAÇÃO DE ESTADOS HÍBRIDA

Até então, a possibilidade de tratar todas as medidas diretamente na jacobiana foi possível considerando que todas estarão disponíveis no centro de controle no momento em que o estimador for executado. Nesse caso, perceba que, mesmo que haja medidores com classes de exatidão alta e taxas de envio ao centro de controle superiores aos tradicionais, a execução do algoritmo de estados pode ficar comprometida pela falta de sincronismo em relação ao tempo em que cada medição chega no centro de controle.

Esse problema, somado à latência de envio, pode agravar a situação, fazendo com que estimadores de estados que poderiam ser usados para análise em tempo real sejam executados em intervalos de tempo insuficientes para rastrear transitórios e variações abruptas de tensão e frequência, por exemplo.

Pensando nessa questão, um dos algoritmos desenvolvidos na literatura visa a mesclagem de técnicas computacionais evitando o uso de matrizes jacobianas formadas diretamente por todos os tipos de medição. As medições sincronizadas obtidas em tempo real são obtidas em taxas mais rápidas do que as não sincronizadas, as quais são fornecidas tipicamente em intervalos de 15 minutos. Nesse caso, o procedimento denominado estimação de estados híbrida [29], utilizada para mesclar e sincronizar as medições em um centro de controle, e se dá pelo procedimento ilustrado pelo fluxograma na Figura 3.6.

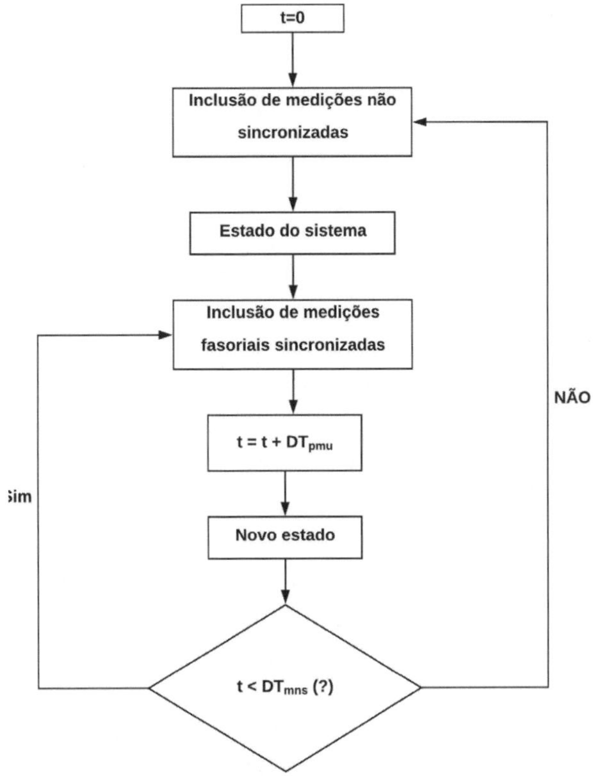

Figura 3.6 – Esquemático de sincronização.

1. Primeiramente, define-se o tempo inicial de análise.

2. Posteriormente, forma-se o vetor de medições, contendo somente os valores de medidas provenientes de medidores não sincronizados.

3. Executa-se o algoritmo de estimação de estados, obtendo-os por meio do método MQP.

4. Em seguida, incluem-se as medidas advindas das PMUs em tempo real ao vetor de medições não sincronizadas e executa-se o estimador com todas as medições conjuntamente. Vale lembrar que as taxas de envio das PMUs ao centro de controle são em torno de 30 *frames por segundo*.

5. Caso o tempo de estimação ainda seja menor que a taxa de envio de dados dos medidores não sincronizados, a estimação continua com a atualização dos valores das grandezas fasoriais mensuradas sendo atualizadas no vetor de medição em tempo real, enquanto as demais permanecem inalteradas.

6. Quando finalmente o tempo de simulação for igual ou maior que o tempo de envio do medidor não sincronizado ao centro de controle (por exemplo 15 minutos), eles são atualizados no vetor de medição e determina-se uma atualização no estado do sistema.

Tal recurso permite o uso mesclado de medições não sincronizadas e sincronizadas conjuntamente em um ambiente de redes elétricas inteligentes, permitindo que estados sejam estimados em intervalos de tempo bem reduzidos, por exemplo, de 15 em 15 segundos.

3.5 MÉTODOS DE OTIMIZAÇÃO

Geralmente, as pseudomedidas são tratadas na própria função $J(\hat{x})$, assumindo que possuem classes de exatidão inferiores às medições fasoriais sincronizadas e aos medidores inteligentes [28]. Uma forma de lidar com essa questão é pelo estabelecimento de um modelo de otimização em que a função objetivo será minimizada sujeito a restrições de desigualdade, as quais são formadas a partir de valores médios de potências ativas e reativas P_k^{hist} e Q_k^{hist}, respectivamente, advindos de dados históricos de consumo mensal dos consumidores conectados àquele centro de carga e de um valor percentual ±p% de excursionamento [30, 31].

Note-se que, nesse caso, as medições obtidas em tempo real de PMUs instaladas na rede de média tensão serão tratadas diretamente na função objetivo, enquanto as pseudomedidas e suas incertezas serão tratadas diretamente como restrições de desigualdade que podem excursionar entre valores mínimos e máximos a fim de se encontrar a solução exata do problema.

A formulação do problema de otimização se dá da seguinte forma, em que p determina os valores mínimos e máximos entre os quais o valor da potência a ser estimada está compreendida.

$$\min J(\hat{\mathbf{x}}) = \frac{1}{2}\sum_{i=1}^{m}\left(\frac{z_i - \phi_i(\hat{\mathbf{x}})}{\sigma_i}\right)^2$$

Sujeito a (s.a.):

$$(1-p)P_k^{hist} \le P_k \le (1+p)P_k^{hist}$$

$$(1-p)Q_k^{hist} \le Q_k \le (1+p)Q_k^{hist}$$

$$Q_b = 0$$

$$Q_b = 0$$

Em que k e b são, respectivamente, as barras de carga não monitoradas por PMUs e as barras de passagem com injeção de potência nula modeladas como restrições de igualdade.

Note-se que, usando essa abordagem, é possível utilizar um número limitado de PMUs no sistema elétrico de potência, uma vez que as restrições de desigualdade servirão como informações adicionais acerca da operação do sistema, fornecendo informações suplementares acerca de seu funcionamento. Na prática, elas fecham o número de equações numéricas que garantem observabilidade do sistema, permitindo obter respostas satisfatórias para estimação de estados.

Ainda é importante salientar que o vetor de variáveis de estados $\hat{x}$ pode ser formado por variáveis em coordenadas polares, como no caso tradicional de EE, ou composto por correntes ramais em coordenadas retangulares, conforme analisado na Seção 3.2 deste livro.

Pela facilidade do uso de coordenadas retangulares devido às equações algébricas e derivadas de primeira ordem menos extensas, além de atender às necessidades e características das redes radiais de distribuição, o uso de correntes em coordenadas retangulares é comumente adotado nesses casos como variáveis de estados a serem estimadas primordialmente. A partir das leis de Kirchhof, outras grandezas são estimadas, como tensões e potências em cada barra do sistema.

Na Figura 3.7, tem-se a representação de um sistema de 33 barras com 8 PMUs apenas alocadas na rede. Apenas com esse número de medidores não é possível garantir a observabilidade do sistema, visto que as medições estão dispersas ao longo do alimentador e o número de equações que relacionam as medições com as variáveis de estado não são suficientes para garantir respostas de EE satisfatórias.

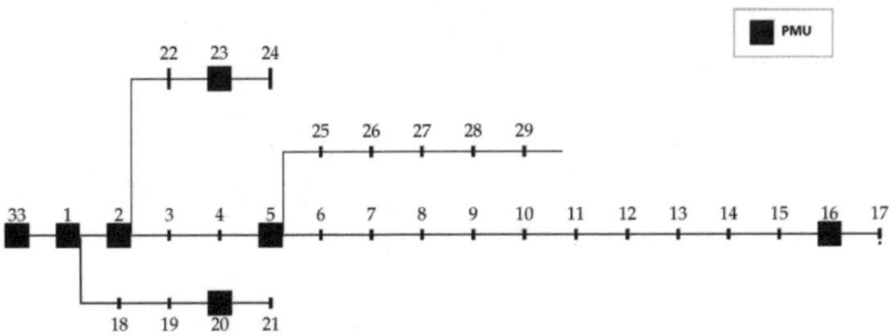

Figura 3.7 – Sistema de 33 barras com 8 PMUs.

A fim de restaurar a observabilidade desse sistema usado como exemplo, lança-se mão de informações históricas acerca das barras de carga não monitoradas por PMUs. Nesse caso, todas as potências ativas e reativas das barras não monitoradas em tempo real serão modeladas como restrições de desigualdade, a partir de um valor médio histórico das pseudomedidas e de um fator percentual que estabeleça um valor mínimo e um máximo dentro dos quais o valor estimado da carga deve se encontrar.

A resolução do problema de otimização formulado deve ser determinada considerando a não linearidade das equações algébricas envolvendo o fluxo de potência nas redes de distribuição. Para isso, pode-se utilizar métodos de programação não linear a fim de se obter a resposta do estado operativo da rede de maneira determinística. Os algoritmos mais utilizados, neste caso, são o método de pontos interiores (MPI), linearizações sucessivas e a programação quadrática sequencial (PQS). Tais metodologias podem ser implementadas em softwares que solucionem problemas não lineares, como o LINGO e o MATLAB, por meio da ferramenta fmincon, destinada à resolução de problemas de otimização com função objetivo e restrições de desigualdade não lineares.

O MPI é usado tradicionalmente neste âmbito, sendo priorizado nesta obra para exemplificação da forma de resolução e determinação do vetor solução.

Um problema de otimização tradicional pode ser enunciado da seguinte forma, em que se deseja minimizar a função objetivo f(**x**) sujeito às restrições de desigualdade e igualdade, denotadas, respectivamente, por g(**x**) e e(**x**).

$$\min f(\mathbf{x})$$

s.a.:

$$g(x) \leq 0$$

$$e(x) = 0$$

Deve-se eliminar primeiramente as restrições de desigualdade, transformando-as em restrições de igualdade pela inserção das variáveis de folga s:

$$\min f(\mathbf{x})$$

s.a.:

$$g(x) + s = 0$$

$$e(x) = 0$$

$$s \geq 0$$

O próximo passo é relaxar a restrição, inserindo-a na função objetivo por meio do parâmetro de barreira logarítmica β, sendo que ele deve tender a zero e n_{ineq} representa o número de restrições de desigualdade do problema:

$$\min f(\mathbf{x}) - \beta \sum_{i=1}^{n_{ineq}} \ln(s_i)$$

s.a.:

$$g(x) + s = 0$$

$$e(x) = 0$$

Forma-se a denominada função lagrangiana a partir da equação a seguir, contendo os multiplicadores de Lagrange associados às restrições de desigualdade e de igualdade, respectivamente π e λ, inicialmente estipulados iguais ao valor unitário.

$$L = f(\mathbf{x}) - \beta \sum_{i=1}^{n_{ineq}} \ln(s_i) + \pi^T \left(g(\mathbf{x}) + s\right) + \lambda^T e(\mathbf{x})$$

Aplicando-se as condições de optimalidade de Karush-Kuhn-Tucker (KKT) de primeira ordem, obtém-se o sistema matricial em que S é uma matriz diagonal cujos elementos são os valores das variáveis de folga *s*.

$$\nabla L = \begin{bmatrix} \nabla f(\mathbf{x}) + \pi^T \nabla g(\mathbf{x}) + \lambda^T \nabla e(\mathbf{x}) \\ g(\mathbf{x}) + s \\ e(\mathbf{x}) \\ S\pi \end{bmatrix} = \begin{bmatrix} 0 \\ 0 \\ 0 \\ \beta e \end{bmatrix}$$

Resolvendo o sistema matricial usando Newton-Raphson, tem-se o seguinte sistema a ser resolvido iterativamente, em que I é a matriz identidade e ∇^2 representa as derivadas de segunda ordem de uma determinada equação calculada em função das variáveis do problema.

$$\begin{bmatrix} \nabla^2 f(\mathbf{x}) + \pi^T \nabla^2 g(\mathbf{x}) + \lambda^T \nabla^2 e(\mathbf{x}) & \nabla g(\mathbf{x}) & \nabla h(\mathbf{x}) & 0 \\ \nabla g(\mathbf{x}) & 0 & 0 & I \\ \nabla e(\mathbf{x}) & 0 & 0 & 0 \\ 0 & S & 0 & \pi \end{bmatrix} . \begin{bmatrix} dx \\ d\pi \\ d\lambda \\ ds \end{bmatrix} = \begin{bmatrix} \nabla f(x) + \pi^T \nabla g(x) + \lambda^T \nabla e(x) \\ g(x) + s \\ e(x) \\ \beta e + S\pi \end{bmatrix}$$

Desta forma, pode-se obter iterativamente as direções dx,dπ,dλ,ds.

Agora, calculam-se os passos α_p e α_d correspondentes às variáveis primais e duais, nos quais os multiplicadores de Lagrange e variáveis de folga são estritamente positivos. Os passos são determinados a fim de preservarem a interioridade de todas as variáveis restritas ao problema.

$$\alpha_p = \min\left(1, \min\left(\frac{-s}{ds}\right)\right)$$

$$\alpha_d = \min\left(1, \min\left(\frac{-\pi}{d\pi}\right)\right)$$

Conhecendo-se os passos e direções, todas as variáveis podem ser atualizadas a cada iteração, até que uma dada tolerância seja satisfeita:

$$x^{it+1} = x^{it} + \alpha_p dx$$

$$s^{it+1} = s^{it} + \alpha_p ds$$

$$\pi^{it+1} = \pi^{it} + \alpha_d d\pi$$

$$\lambda^{it+1} = \lambda^{it} + \alpha_d d\lambda$$

A atualização do parâmetro barreira é dada pela expressão a seguir, em que ϑ é um valor percentual entre 0 e 1 que permite o decaimento do parâmetro a cada iteração do algoritmo até que ∇L seja menor que uma determinada tolerância, comumente adotada como 10^{-6}.

$$\beta^{it+1} = \vartheta . \beta^{it}$$

3.6 EXEMPLO DE APLICAÇÃO 2

Será utilizada a Figura 3.5, em que um sistema tutorial de 4 barras com 2 PMUs alocados nas barras 1 e 2 é apresentado, para conduzir um estudo de caso em um sistema de distribuição utilizando a metodologia a partir de modelos de otimização.

O vetor de variáveis de estados é determinado como expresso na seguinte equação:

$$\hat{\mathbf{x}} = \left[I^r_{1-2}, I^m_{1-2}, I^r_{2-3}, I^m_{2-3}, I^r_{2-4}, I^m_{2-4} \right]^T$$

O vetor de medições é determinado a partir das grandezas mensuradas em tempo real pelos medidores fasoriais:

$$\mathbf{z} = \left[V^r_1, V^m_1, V^r_2, V^m_2, I^r_{1-2}, I^m_{1-2}, I^r_{2-3}, I^m_{2-3}, I^r_{2-4}, I^m_{2-4} \right]^T$$

A função objetivo a ser minimizada será calculada a partir da seguinte expressão usando os valores mensurados informados na Tabela 3.1, sendo composta por 10 parcelas referentes às diferenças quadráticas ponderadas entre valores medidos e os seus correspondentes estimados, os quais serão calculados em função das variáveis de estado. A cada valor de medição informado na Tabela 3.1 é adicionado um erro aleatório de distribuição gaussiana com média zero e desvio padrão estabelecido pela classe de exatidão dos equipamentos a fim de simular imperfeições do sistema de instrumentação. Para este exemplo, 100 amostras de cada medição foram simuladas com a distribuição gaussiana.

$$\min J(\hat{\mathbf{x}}) = \frac{1}{2}\left[\left(\frac{V^r_1 - 1{,}0000}{0{,}004}\right)^2 + \left(\frac{V^m_1 - 0{,}0000}{0{,}004}\right)^2 + \left(\frac{V^r_2 - 0{,}9812}{0{,}004}\right)^2 + \left(\frac{V^m_2 - 0{,}0290}{0{,}004}\right)^2 + \left(\frac{I^r_{1-2} - 0{,}0171}{0{,}008}\right)^2 \right.$$
$$\left. + \left(\frac{I^m_{1-2} + 0{,}1535)}{0{,}008}\right)^2 + \left(\frac{I^r_{2-3} - 0{,}0414}{0{,}008}\right)^2 + \left(\frac{I^m_{2-3} + 0{,}0092}{0{,}008}\right)^2 + \left(\frac{I^r_{2-4} + 0{,}0449}{0{,}008}\right)^2 + \left(\frac{I^m_{2-4} + 0{,}1309}{0{,}008}\right)^2\right]$$

As restrições de desigualdade serão formadas apenas para as barras não monitoradas por PMUs a partir de seus valores nominais de potência líquida na barra. O valor percentual de excursionamento será adotado como 10% neste exemplo:

$$(1-0{,}10)0{,}0400 \le P_3 \le (1+0{,}10)0{,}0400$$
$$(1-0{,}10)0{,}0100 \le Q_3 \le (1+0{,}10)0{,}0100$$
$$(1-0{,}10)(-0{,}0500) \le P_4 \le (1+0{,}10)(-0{,}0500)$$
$$(1-0{,}10)0{,}1299 \le Q_4 \le (1+0{,}10)0{,}1299$$

O valor da potência ativa na barra 4 é informada com sinal contrário às demais, denotando que a potência é injetada pelo gerador distribuído localizado na barra 4. Em contrapartida, os outros valores são referentes às potências ativas e reativas demandadas do sistema.

Resolvendo o problema de otimização formulado a partir da função objetivo sujeito às restrições de desigualdade formadas, tem-se os valores estimados das variáveis de estados (correntes em coordenadas retangulares). Aplicando-se as leis de Kirchhof, é possível estimar os valores de tensão em cada barra do sistema, a fim de comprovar a eficiência do método.

Para este exemplo, o problema de otimização foi resolvido pelo método de pontos interiores, conforme descrito nesta seção.

Os resultados das estimativas de magnitudes e ângulos de tensão são mostrados, respectivamente, nas Tabelas 3.5 e 3.6.

Os resíduos de medição são mostrados na Tabela 3.7.

Tabela 3.5 – Resultado de magnitudes de tensão estimadas

Barra (k)	V_k(Estimado)	V_k(Real)	$Erro_k$(%)
1	0,9998	1,0000	0,0025
2	0,9816	0,9817	0,0067
3	0,9725	0,9724	0,0089
4	0,9800	0,9800	0,0091

Tabela 3.6 – Resultado de ângulos de tensão estimados

Barra (k)	θ_k(Estimado)	θ_k(Real)	$Erro_k$(%)
1	0,0000	0,0000	–
2	1,6915	1,6916	0,0072
3	1,5717	1,5716	0,0097
4	2,6140	2,6141	0,0098

Tabela 3.7 – Resíduos de medição

Número da medição	Grandeza mensurada	Valor mensurado (pu)	Valor estimado (pu)	Módulo do Resíduo (pu)
1	V_1^r	1,0000	1,0002	0,0002
2	V_1^m	0,0000	0,0001	0,0001
3	V_2^r	0,9812	0,9811	0,0001
4	V_2^m	0,0290	0,0288	0,0002
5	I_{1-2}^r	0,0171	0,0172	0,0001
6	I_{1-2}^m	0,0414	0,0413	0,0002
7	I_{2-3}^r	-0,0092	-0,0095	0,0001
8	I_{2-3}^m	-0,0449	-0,0446	0,0003
9	I_{2-4}^r	-0,1309	-0,1311	0,0003
10	I_{2-4}^m	0,0414	0,0413	0,0002

3.7 ALOCAÇÃO DE MEDIDORES FASORIAIS PARA RESTAURAÇÃO DA OBSERVABILIDADE

Um dos desafios em relação à implementação de sistemas de monitoramento em redes elétricas é a questão da sua observabilidade. Nesse contexto, é necessário haver algum procedimento que permita efetuar a alocação de medidores em sistemas elétricos de maneira tal que a observabilidade do sistema seja completa, isto é, a partir de um número mínimo de sensores instalados possa-se estimar com precisão todas as grandezas de interesse.

Os procedimentos utilizados variam, na prática, devido a diversas problemáticas, como restrições de áreas nas quais não se consegue permissão para instalar o medidor, restrições relativas ao aproveitamento de medidores tradicionais anteriormente já alocados, não existência de subestações abrigadas capazes de atender às especificações técnicas para a instalação de medidores especiais, e falta de equipamento de transformadores de instrumentação para medição de corrente do tipo garra fabricados nacionalmente, encarecendo o projeto a ser implementado na prática, fazendo com que o gestor opte por soluções menos custosas. Portanto, na prática, é necessário considerar não apenas variáveis que possam ser otimizadas através de algoritmos apropriados, pois as imposições de cunho prático podem ser maiores.

Em um ambiente de simulação computacional, entretanto, é possível realizar testes nos quais os medidores podem ser instalados em pontos estrategicamente escolhidos pelo responsável do sistema de monitoramento. Neste caso, algoritmos de otimização são altamente recomendados para se alocar otimamente os medidores em redes elétricas.

Note-se que, a partir da minimização da função objetivo construída com base no método MQP, ela pode ser utilizada como parâmetro para alocar medidores de maneira otimizada.

A observabilidade do sistema pode ser determinada através do conhecimento prévio da topologia do sistema. A partir dessa informação fica mais fácil determinar os pontos necessários a se instalar os medidores.

Outra estratégia bastante utilizada é a adoção de programação linear para determinar a alocação ótima de medidores fasoriais sincronizados, as PMUs. Neste caso, assume-se que, quando a PMU é instalada em uma barra, a tensão fasorial dela será medida em tempo real, bem como as correntes passantes nas linhas conectadas àquela unidade de medição.

Para utilizar a programação linear com esse propósito, é necessário minimizar a seguinte função objetivo sujeito às restrições de desigualdade, em que x_k assume valores binários (zero, quando não houver PMU instalada na barra; um em caso contrário) e são elementos do vetor $\mathbf{x}$.

$$\min \sum_{k=1}^{n_{pmu}} x_k$$

s.a.:

$$\mathbf{G.x \geq 1}$$

$$x^k \in \{0,1\}$$

O número total de PMUs instaladas é denotado por n_{pmu} e é igual ao valor de entradas unitárias do vetor x, composto por um número de elementos igual ao número total de barras do sistema.

G é chamada de matriz de incidência, formada pela conectividade entre linhas, sendo igual a 1 quando houver conectividade entre as barras correspondentes e zero em caso contrário.

3.8 EXEMPLO DE APLICAÇÃO 3

Seja, por exemplo, o sistema representado pela Figura 3.8, formado por 8 barras.

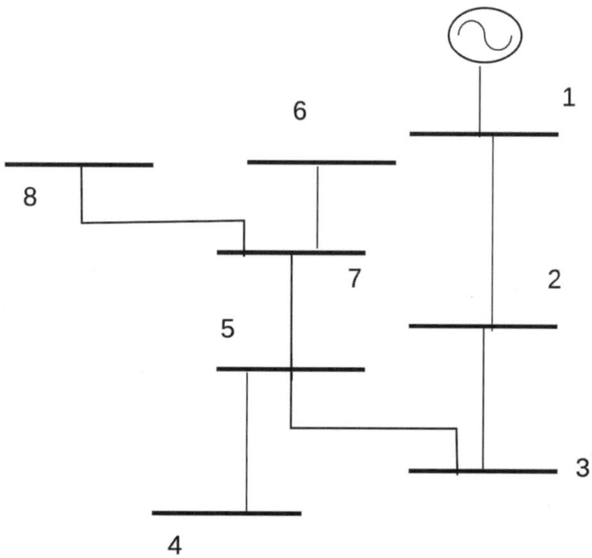

Figura 3.8 – Exemplo de sistema com 8 barras

Pode-se restaurar a observabilidade deste sistema, apenas utilizando PMUs, desde que o procedimento de alocação garanta que todas as variáveis de estado possam ser estimadas. Neste caso, nota-se que é necessário saber apenas a topologia da rede e seu modelo barra-ramo, a fim de se determinar o posicionamento ótimo das unidades de medição.

Para determinar a alocação ótima de PMUs neste sistema, pode-se utilizar o algoritmo de programação linear conforme formulação apresentada anteriormente.

A formulação para este caso específico seria de acordo com o seguinte modelo de otimização:

$$\min \sum_{k=1}^{n_{pmu}} x_k$$

s.a.:

$$\begin{bmatrix} 1 & 1 & 0 & 0 & 0 & 0 & 0 & 0 \\ 1 & 1 & 1 & 0 & 1 & 0 & 0 & 0 \\ 0 & 1 & 1 & 0 & 1 & 0 & 0 & 0 \\ 0 & 0 & 0 & 1 & 1 & 0 & 0 & 0 \\ 0 & 1 & 1 & 1 & 1 & 0 & 1 & 0 \\ 0 & 0 & 0 & 0 & 0 & 1 & 1 & 0 \\ 0 & 0 & 0 & 0 & 1 & 1 & 1 & 1 \\ 0 & 0 & 0 & 0 & 0 & 0 & 1 & 1 \end{bmatrix} \cdot \begin{bmatrix} x_1 \\ x_2 \\ x_3 \\ x_4 \\ x_5 \\ x_6 \\ x_7 \\ x_8 \end{bmatrix} \geq \begin{bmatrix} 1 \\ 1 \\ 1 \\ 1 \\ 1 \\ 1 \\ 1 \\ 1 \end{bmatrix}$$

A solução é obtida e resulta na alocação de apenas 3 PMUs nas barras 2, 4 e 7.

CAPÍTULO 4

TRATAMENTO DE ERROS GROSSEIROS

4.1 CONSIDERAÇÕES INICIAIS

O processo da estimação de estados se dá conforme explicado nos capítulos anteriores, fornecendo o estado operativo mais provável da rede supondo erros aleatórios advindos de medidores instalados em campo.

Os erros aleatórios são frequentemente mencionados na literatura como ruídos ou interferências nos canais de comunicação inerentes aos processos de aquisição de dados, equipamentos de instrumentação, transdutores, TPs e TCs [31]. Eles afetam os valores das medições aquisitadas em qualquer processo, sendo, portanto, passíveis de serem filtrados ou suavizados por técnicas estatísticas. As classes de exatidão dos medidores informam que a medição a ser efetuada estará dentro de limites aceitáveis [31, 32].

Qualquer medição elétrica efetuada na prática estará sujeita a esse tipo de erro. Portanto, é necessário um sistema de pré-filtragem capaz de, a partir de uma certa quantidade de amostras coletadas, avaliar a média dos valores mensurados e seu desvio padrão, admitindo que esses erros assumem, geralmente, uma dispersão estatística compatível com a função densidade de probabilidade gaussiana.

Dependendo das taxas de amostragem do equipamento, é possível coletar uma quantidade de amostras durante um curto intervalo de tempo. A partir dessas amostras, é possível traçar o histograma informando a frequência de observação dos valores medidos.

Em um ambiente de simulação computacional, a fim de representar as imperfeições aleatórias inerentes ao processo de medição, é comum utilizar artifícios de programação, como emular erros gaussianos a serem adicionados às medições. Suponha uma medição de magnitude de tensão cujo valor exato seja $z_{real} = 1$ pu. Erros de até 5% serão simulados, a fim de emular a aleatoriedade no processo de medição.

No MATLAB, utilizando a função *randn*, geram-se 1000 amostras z_{sim} entre os valores 0,9950 e 1,0050 pu, com distribuição gaussiana.

$$z_{sim} = z_{real} * \left(0.995 + randn\left(1,1000\right).*\left(1.005 - 0.995\right)\right)$$

Os 1000 valores serão gerados aleatoriamente, sorteados de maneira randômica seguindo a distribuição gaussiana. O histograma do vetor composto de 1000 elementos pode ser traçado a partir do comando *histfit(zsim)*. O resultado é a Figura 4.1. A média dos dados é 0,9989 pu e o desvio padrão dessa amostragem é de 0,0165, sendo aproximadamente igual a 5% dividido por três.

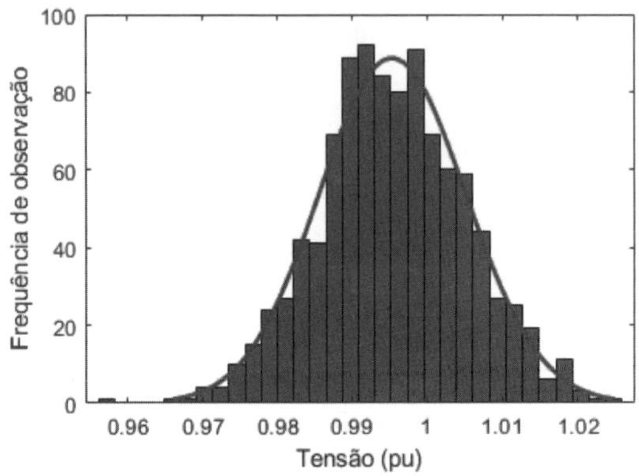

Figura 4.1 – Dispersão estatística da medição.

O valor médio será aquele a ser utilizado no processo de estimação de estados, o qual seria coletado em campo, na prática supondo um medidor de classe de exatidão de 5%.

Em contrapartida, os erros grosseiros ou erros sistemáticos são desvios significativos em relação ao valor de medição, não devendo ser, portanto, considerados como aleatórios simplesmente [32]. Esses erros podem ser representados como percentuais relativos ao valor da medição real. Por exemplo, um erro de +15% em relação ao valor da medição de 1 pu resultaria em um valor mensurado de 1,15 pu. Tais erros comprometem a estabilidade numérica dos estimadores de estados, além de resultarem em erros de estimação, os quais podem induzir os operadores do sistema a tomarem atitudes a fim de controlar tensões e outras grandezas em SEPs a partir de um estado estimado erroneamente [32].

Os erros grosseiros são conhecidos pela expressão inglesa *bad data*. Não são filtrados durante algoritmos tradicionais de estimação de estado, podendo afetar seu desempenho enormemente, devendo ser detectados durante o processo de EE, sendo necessário identificar qual medição possui erro grosseiro para, posteriormente, ela ser descartada ou recalibrada.

Os erros grosseiros são responsáveis pela introdução de dados espúrios no processo de estimação de estados, tendo como causas principais erros de calibração de sensores durante a etapa de instalação, intempéries do tempo que possam afetar os sistemas de comunicação de dados, conexão mal efetuada de cabos e fios entre os medidores e os transdutores, falhas do sistema de comunicação que resultem em perda de pacote de dados, erros causados durante o processamento de dados (por exemplo, vazamento espectral no processo da análise de Fourier para obtenção de componentes harmônicas), ataques cibernéticos maliciosos através da intrusão de *bad data* em informações coletadas em tempo real da rede a fim de prejudicar a operação de SEPs, ocasionando problemas de estabilidade causados por tomadas de decisão baseadas em estados operativos estimados de maneira errada.

Qualquer uma das possíveis causas da intrusão de dados errôneos no processo de EE resulta na perda de confiança do operador no sistema de monitoramento e erros expressivos durante a EE.

Em geral, as medições obtidas da rede podem ser modeladas de maneira satisfatória a partir da seguinte expressão, em que ψ representa um fator percentual capaz de desviar significativamente o valor real da medição e $\epsilon(0,\sigma)$ representa o erro aleatório gaussiano de média zero e desvio padrão do equipamento:

$$z_{sim} = \psi \, z_{real} + \epsilon\left(0,\sigma\right)$$

Além dos erros aleatórios e grosseiros no processo de estimação de estados, podem ainda haver erros topológicos na base de dados do centro de controle, como informações erradas acerca de impedância de cabos e linhas de transmissão/distribuição que podem resultar em estimativas erradas [33]. Entretanto, este capítulo tem como objetivo geral fornecer detalhamento sobre formas de detectar, identificar e tratar erros grosseiros de medição.

4.2 DETECÇÃO DE ERROS GROSSEIROS

A detecção de erros grosseiros em sistemas de monitoramento é comumente efetuada a partir do teste de Chi-quadrada (χ^2) de Pearson [5], o qual será explicitado nesta seção.

Na Figura 4.2, é mostrada a dispersão estatística tradicionalmente obtida para valores de resíduos quadráticos de medição fornecidos após a execução do estimador de estados. Como os resíduos de medição são elevados ao quadrado, eles seguem uma distribuição não gaussiana, que tende ao comportamento de uma Chi-quadrada.

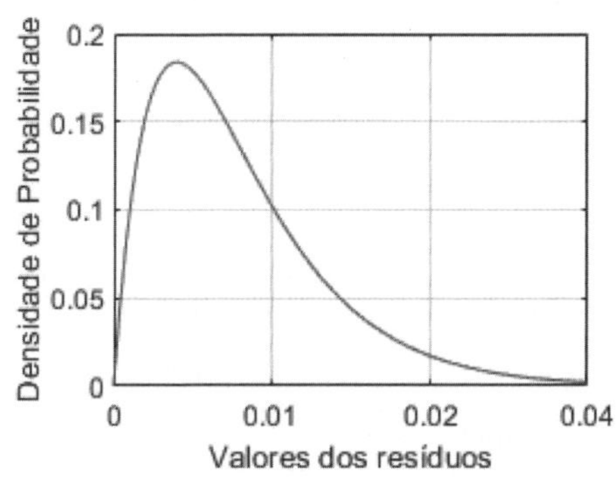

Figura 4.2 – Distribuição dos resíduos quadráticos de medição.

A função Chi-quadrada, para uma variável de valor esperado *EI* pode ser estipulada pela equação a seguir, em que O_i representa as observações de uma medição efetuada na *i*-ésima vez, sendo *a* o número total de amostras coletadas:

$$\chi^2 = \sum_{i=1}^{a} \left(\frac{O_i - E_i}{E_i} \right)^2$$

Note que a equação que define a Chi-quadrada é bastante similar à função objetivo da estimação de estados que é formada pelo somatório das diferenças quadráticas entre valores medidos e estimados. Eis o motivo de sua aplicação ser comum para a detecção de erros grosseiros em EE.

Na Tabela 4.1, são apresentados, como exemplo para um caso de estudo hipotético, os valores medidos de tensão em pu de 8 amostras mensuradas. O medidor possui classe de exatidão de 5% e média de 1 pu.

Tabela 4.1 – Casos de estudo para análise de Chi-quadrada

Número da amostra	Valor observado – Caso 1	Valor observado – Caso 2
1	1,02	**9,00**
2	0,98	0,98
3	0,99	0,99
4	0,98	0,98
5	1,01	1,01
6	1,02	1,02
7	1,01	1,01
8	1,01	1,01

O cálculo da Chi-Quadrada para o caso 1 é determinado a seguir, sendo formado por 8 parcelas relativas a cada amostra. O valor total resulta em 0,0019.

$$\chi^2 = \left(\frac{1,02-1}{1} \right)^2 + \left(\frac{0,98-1}{1} \right)^2 + \ldots + \left(\frac{1,01-1}{1} \right)^2 = 0,0019$$

O cálculo para o caso 2 se dá a partir da expressão a seguir, resultando em um valor igual a 64,00, uma vez que um erro grosseiro foi inserido nos dados, sendo extremamente discrepante em relação às demais amostras.

$$\chi^2 = \left(\frac{9,00-1}{1} \right)^2 + \left(\frac{0,98-1}{1} \right)^2 + \ldots + \left(\frac{1,01-1}{1} \right)^2 = 64$$

Pode-se perceber que, proporcionalmente ao valor do dado errado, a função Chi-quadrada calculada aumenta, servindo como indicativo da presença de erro grosseiro.

A pergunta a ser feita é: a partir de qual valor da Chi-quadrada calculada, é possível presumir a presença de erro grosseiro na amostragem de dados?

Essa pergunta deve ser respondida a partir da quantidade de graus de liberdade definido como o número de medições realizadas menos a quantidade de estados a serem estimados (m-n). Nos dois casos de estudo preliminares, tem-se a quantidade total de 8 medições a fim de se estimar um único valor de tensão, resultando em 7 graus de liberdade.

O valor limite da Chi-quadrada depende dos graus de liberdade e confiança atribuídos à análise. Para um grau de confiança de 95%, e 7 graus de liberdade, o valor limítrofe da Chi-quadrada pode ser obtido através da função do MATLAB *chi2inv* (0.95,7), que resulta em 14. Portanto, qualquer valor acima desse limite será indicativo da presença de erros grosseiros no conjunto de dados.

No primeiro caso de estudo, o valor calculado da Chi-quadrada é 0,0019, indicando que não há presença de erros grosseiros. Entretanto, no segundo caso de estudo, o valor da função resulta em 64, o que é maior que 14, sendo detectada a presença de erros grosseiros no conjunto de medições.

No caso da aplicação nos resultados da estimação de estados, primeiramente é necessário executar o estimador a fim de calcular o valor da função objetivo, $J(\hat{x})$, sendo que os resíduos quadráticos tendem a uma Chi-quadrada. O valor da função, portanto, deve ser menor que um valor limítrofe estabelecido a partir do número de graus de liberdade e nível de confiança adotado para o teste de verificação.

Tomando como exemplo o primeiro caso de estudo contido na Seção 2.6 deste livro, tem-se 10 medições sendo efetuadas e um número total de 7 variáveis de estados a serem calculadas, sendo o número de graus de liberdade igual a 3. Para um nível de confiança de 90% no teste de Chi-quadrada, o valor limítrofe que a função objetivo pode assumir é igual a 6,25. Qualquer valor acima deste resultará na presunção da existência de erros grosseiros no conjunto de medições efetuadas.

Para o primeiro caso de estudo, o valor da função objetivo calculado foi menor que o valor unitário, indicando que não foi detectada a introdução de erros grosseiros. Considere ainda o exemplo de aplicação da Seção 2.6. O plano de medição dado anteriormente pela Tabela 2.5 será ligeiramente modificado a partir da introdução de um erro grosseiro na medição de tensão na barra 2, sendo apresentado na Tabela 4.2 a seguir:

Tabela 4.2 – Plano de medição

Número da medição	**Grandeza mensurada**	**Valor (pu)**	σ
1	V^1	1,0000	0,004
2	V^2	**0,7000**	0,004
3	P^2	0,0200	0,010
4	Q^2	0,0100	0,010
5	$P^1\text{-}^2$	0,0171	0,008
6	$P^1\text{-}^3$	0,0404	0,008
7	$P^2\text{-}_4$	-0,0480	0,008
8	$Q^1\text{-}^2$	0,1535	0,008
9	$Q^2\text{-}^3$	0,0102	0,008
10	$Q^2\text{-}_4$	0,1309	0,008

Ao executar o estimador de estados, tem-se como resposta o valor da função objetivo igual a 9,24. Note que esse valor está acima do limite de 6,25, resultando na presunção de existência de erros grosseiros no plano de medição.

Caso nenhuma atitude fosse tomada, os resultados de estimação seriam conforme as Tabelas 4.3, 4.4 e 4.5, contendo as estimativas de tensão, ângulos e resíduos de medição, respectivamente. É notável que os erros de estimação são altíssimos, afetando muito os resultados. Além disso, é possível notar que os resíduos de medição também apresentam valores elevados, o que seria indesejado na prática.

Tabela 4.3 – Resultado de magnitudes de tensão estimadas

Barra (k)	V_k(Estimado)	V_k(Real)	$Erro_k$(%)
1	0,8647	1,0000	13,5301
2	0,8298	0,9817	15,4688
3	0,8148	0,9724	16,2028
4	0,8259	0,9800	15,7237

Tabela 4.4 – Resultado de ângulos de tensão estimados

Barra (k)	θ_k(Estimado)	θ_k(Real)	$Erro_k$(%)
1	0,0000	0,0000	–
2	2,2940	1,6916	35,6129
3	2,1174	1,5716	34,7296
4	3,5861	2,6141	37,1789

Tabela 4.5 – Resíduos de medição

Número da medição	Grandeza mensurada	Valor mensurado (pu)	Valor estimado (pu)	Módulo do Resíduo (pu)
1	V_1	1,0000	0,8647	0,1348
2	V_2	0,7000	0,8148	-0,1248
3	P_2	0,0200	-0,0365	-0,0165
4	Q_2	0,0100	-0,0182	0,0082
5	P_{1-2}	0,0171	0,0657	-0,0486
6	P_{2-3}	0,0404	0,0539	-0,0135
7	P_{2-4}	-0,0480	-0,3410	-0,0139

8	Q_{1-2}	0,1535	0,1766	-0,0294
9	Q_{2-3}	0,0102	0,0167	0,0231
10	Q_{2-4}	0,1309	0,1369	0,0061

Ao analisar os resíduos de medição, é possível notar que as medições de magnitudes de tensão são associadas aos maiores erros. Em uma análise simplista, o erro seria identificado na medição de tensão da barra 1, uma vez que o módulo do resíduo respectivo é o maior de todos, o que seria uma conclusão errada, sendo necessário avaliar os resultados de maneira apropriada para evitar tais confusões.

4.3 IDENTIFICAÇÃO DE ERROS GROSSEIROS

A identificação de erros grosseiros é realizada comumente através dos resíduos normalizados [34]. Neste procedimento, é necessário efetuar alguns cálculos adicionais complementares analisando a influência de uma medição e a propagação de erros de uma forma sistêmica e matricial.

A tarefa de identificar o erro grosseiro consiste em apontar qual medição está associada à informação errada. Ou seja, deve ser feita após a detecção do erro grosseiro.

No caso de estudo contemplado na Tabela 4.5, tem-se os valores de resíduos das medições, o que seria insuficiente para identificar a medição contaminada com erro grosseiro.

Considere as seguintes equações utilizadas na estimação de estados:

$$\Delta z = H\ \Delta\hat{x} + e(0,\sigma)$$

$$\Delta\hat{x} = G^{-1})\ H^{T}\ R^{-1}\ \Delta z = (H^{T}\ R^{-1}\ H)^{-1}\ H^{T}\ R^{-1}\ \Delta z$$

O valor estimado de **Δz** é dado pela equação a seguir, em que **K** é denominada matriz chapéu:

$$\Delta\hat{z} = H\ \Delta\hat{x} = K\ \Delta z$$

A matriz K é computada a partir do equacionamento a seguir:

$$K = H\ G^{-1}\ H^{T}\ R^{-1}$$

Os resíduos de medição podem ser calculados a partir do conhecimento dos conceitos estabelecidos até então, em que I é a matriz identidade.

$$r = \Delta z - \Delta\hat{z} = (I-K)\Delta z$$

$$r = (I-K)(H\ \Delta\hat{x} + e)$$

Como **H Δx**≪e, tem-se que:

$$r = (I-K)(e) = S\ e$$

Sendo a matriz **S** denominada de matriz de sensibilidade residual. Através dela, tem-se as sensibilidades de cada medição e sua influência sistêmica no processo de EE.

Uma definição comum é dada a seguir, em que a matriz de sensibilidade é multiplicada pelos valores da matriz de covariância, estabelecendo uma forma de analisar a influência das medições considerando suas classes de exatidão, chamada de matriz de covariância residual.

$$\Omega = S\,.R = R - HG^{-1}\,H^{T}$$

A ocorrência de uma medida com erro grosseiro é mais comum. Entretanto, durante a estimação de estados podem haver múltiplas medições contendo dados espúrios, as quais podem interagir entre si, dificultando o processo de identificação delas.

Nesse contexto, é importante ressaltar o conceito de medição crítica no âmbito da estimação de estados. Essa medição, caso seja removida do plano de medição original, resultará em um sistema não observável. A coluna da matriz de covariância residual correspondente à medição crítica será nula, sendo assim identificável de maneira fácil.

No caso de medições redundantes, estas podem ser removidas do plano de medição sem afetar a observabilidade do sistema. Esse é o caso de medições contidas nos sistemas de monitoramento de transmissão que contam com elevada redundância de informações. Entretanto, nos sistemas de média e baixa tensão, a ocorrência de medições críticas que não podem ser removidas do plano de medição é mais comum devido à escassez de sensores instalados dedicados ao monitoramento em tempo real em alimentadores de distribuição.

O resíduo da i-ésima medição é determinado por:

$$r_i = z_i - \phi_i\left(\hat{\mathbf{x}}\right)$$

O resíduo normalizado correspondente é definido a partir do valor do elemento da diagonal da matriz de covariância residual, Ω_{ii}.

$$r_i^N = \frac{|r_i|}{\sqrt{\Omega_{ii}}} = \frac{|r_i|}{\sqrt{S_{ii}R_{ii}}}$$

Os resíduos normalizados, calculados para todas as medições, formarão em conjunto uma amostragem com distribuição gaussiana de média zero, sendo que o maior valor de resíduo normalizado será associado à medição com erro grosseiro.

Portanto, é possível calcular os resíduos normalizados a fim de identificar qual é a medição que contém o erro grosseiro de fato.

Na Tabela 4.6, é mostrado um exemplo de como se calcular o resíduo normalizado a partir dos resíduos de medição. Através de inspeção dela, é notório que o maior resíduo normalizado é associado à medição de tensão na barra 2, sendo ela identificada como a portadora de erro grosseiro. Note-se que, a partir dessa abordagem, é possível identificar as medidas errôneas e, além disso, identificar aquelas mais sensibilizadas pela introdução do erro grosseiro.

Tabela 4.6 – Resíduos normalizados de medição

Número da medição	Grandeza mensurada	Valor mensurado (pu)	r_i^N
1	V_1	1,0000	3,0362
2	V_2	0,7000	**3,0560**
3	P_2	0,0200	0,2998
4	Q_2	0,0100	0,1502
5	P_{1-2}	0,0171	1,0761
6	P_{2-3}	0,0404	0,3072
7	P_{2-4}	-0,0480	0,3169
8	Q_{1-2}	0,1535	0,5420
9	Q_{2-3}	0,0102	0,1487
10	Q_{2-4}	0,1309	0,1381

A fim de gerar mais um caso de estudo, o mesmo plano de medição é utilizado. Entretanto, o erro grosseiro é introduzido na quinta medição, referente ao fluxo de potência ativa entre as barras 1 e 2, conforme apresentado pela Tabela 4.7. Neste exemplo, o valor da função objetivo é igual a 63,15, estando bastante alto em relação ao limite aceitável, detectando a presença de erro grosseiro, o qual é facilmente identificado a partir do máximo resíduo normalizado calculado na Tabela 4.7.

Tabela 4.7 – Resíduos normalizados de medição

Número da medição	Grandeza mensurada	Valor mensurado (pu)	r_i^N
1	V_1	1,0000	1,9694
2	V_2	0,9817	4,1070
3	P_2	0,0200	7,1978
4	Q_2	0,0100	1,0812
5	P_{1-2}	**1,7100**	**7,8359**
6	P_{2-3}	0,0404	7,1978
7	P_{2-4}	-0,0480	7,1978
8	Q_{1-2}	0,1535	0,6720
9	Q_{2-3}	0,0102	1,0812
10	Q_{2-4}	0,1309	1,0812

4.4 TRATAMENTO PÓS-IDENTIFICAÇÃO DE ERROS

A partir da identificação correta da medição errônea, é possível tomar atitudes diferentes para lidar com a problemática apresentada neste capítulo, sendo quatro as possíveis soluções:

1. *Eliminação*: nesta abordagem, indicada apenas para sistemas de transmissão malhados com observabilidade completa, o mensurando identificado como portador de erro grosseiro deve ser eliminado do plano de medição a fim de não comprometer os resultados da EE. Nos casos de estudo em que o número de variáveis a serem estimadas é 7 e o número de medições é 10, poder-se-ia eliminar uma medição contaminada por erro grosseiro e, ainda assim, o sistema se manteria com graus de liberdade suficientes, podendo não comprometer a observabilidade da rede. Perceba-se que tal procedimento é apenas sugerido para sistemas com plena redundância, sendo impraticável em um contexto de redes de distribuição de média tensão devido ao número limitado de sensores instalados e ao nível de criticidade das medições. Note-se também que, mesmo que a rede se mantenha observável, a perda de informação será notada nas estimativas de grandezas elétricas que ficarão menos precisas.

2. *Supressão*: Este procedimento é frequentemente sugerido em diversas pesquisas e almeja evitar a eliminação da medição com erro grosseiro sem efetuar sua correção. Uma vez que a medida errônea é corretamente identificada, ela pode continuar a ser usada no processo de estimação de estados, desde que seja utilizada com peso menor em relação às medidas consideradas livres de erros grosseiros. A fim de se reponderar a medição com erro grosseiro, é comum atribuir-lhe um desvio padrão maior, conferindo menor peso a ela durante a aplicação do método MQP. Note-se que tal procedimento é eficaz principalmente para sistemas com medições críticas, as quais não podem ser eliminadas sem comprometer a observabilidade do sistema. É comum inserir o conceito de robustez estatística no processo de EE a fim de suprimir os erros grosseiros.

3. *Correção*: sabendo-se qual medição contém dados espúrios, o procedimento ideal seria corrigir a medição portadora de erros grosseiros, seja a partir de recalibração online ou valendo-se de artifícios matemáticos a fim de compensar os desvios sofridos em relação ao valor real da grandeza elétrica mensurada. Tal processo, entretanto, não é simples de ser efetuado, carecendo de pesquisas que permitam a reutilização de medições no processo de EE.

4. *Substituição*: uma vez que o sistema monitorado é avaliado em intervalos de tempo regulares, é possível que, durante a estimação ao longo do tempo, alguma medição sofra efeitos de descalibração ou intempéries do tempo, sendo facilmente detectado o problema se comparado o valor da medição com séries históricas armazenadas em um banco de dados. Um exemplo simplista seria a medição de tensão ao longo do dia em um sistema de transmissão. Caso este varie entre 0,95 e 1,05 pu ao longo de um período de tempo considerável e, porventura, o mesmo comece a mensurar valores discrepantes fora desse intervalo, por exemplo, 1,25 pu, pode-se constatar a presença de dados espúrios por meio da Chi-quadrada e identificar o erro usando resíduo máximo normalizado. Uma vez detectado e identificado o valor mensurado portador de erro, pode-se substituí-lo por um valor típico, por exemplo, 1 pu, com um peso

reduzido em relação às demais medições. Esse processo consiste na substituição da medida errônea por uma pseudomedida equivalente a fim de garantir a observabilidade do sistema, conferindo menor peso à medição corrompida.

4.5 SUPRESSÃO DE ERROS GROSSEIROS

A supressão de erros grosseiros é um dos procedimentos mais frequentemente adotados para se evitar a eliminação de medições portadoras de erros significativos, evitando assim a perda de informações acerca da operação da rede e a perda da observabilidade desta.

A introdução do conceito de robustez estatística é comumente adotada neste processo, consistindo em desenvolver ferramentas matemáticas baseadas no método tradicional MQP a fim de reduzir a influência das medições errôneas nas estimativas de estado [35, 36].

Diz-se que um algoritmo de EE é robusto diante da introdução de erros grosseiros quando ele é capaz de fornecer resultados satisfatórios de estimação mesmo sem remover as medidas contaminadas do plano de medição.

Dentre os algoritmos de EE robustos, destacam-se os denominados estimadores M, os quais são formulados a partir de problemas de otimização cujo objetivo é minimizar ρ(r) definida em função dos resíduos de medição conforme a formulação a seguir:

$$min\sum_{i=1}^{m}\rho(r_i)$$

s.a.:

$$z_i=\phi_i(\hat{x})+r_i$$

As equações possíveis para a função objetivo, neste caso, podem ser diversas, entretanto, devem possuir características específicas, como $\rho(r)=0$, caso o resíduo r seja nulo; $\rho(r)$ deve ser positiva para qualquer valor de resíduo existente, ρ(r) deve ser monotonicamente crescente medida que os resíduos aumentam e deve ser, sim, ética no entorno de $r=0$, o que significa que $\rho(r)=\rho(-r)$.

A seguir, seguem exemplos de equações que podem ser usadas para a estimação de estados robustos:

- *Quadrática-constante*: em que a função objetivo se mantém conforme a minimização dos resíduos quadráticos ponderados, exceto para valores de $|r_i/\sigma_i|$ maiores que um parâmetro de ajuste a definido entre os valores de 1 a 4, geralmente, sendo a função objetivo mantida em um valor fixo para a parcela referente à medição com resíduo exacerbado de tal forma que a medição errônea, com valor de resíduo expressivo, é suprimida durante o processo de estimação de estados.

$$\rho(r_i)=\begin{cases} r_i^2/\sigma_i^2, \; caso\left|r_i/\sigma_i\right|<a \\ a^2/\sigma_i^2, \; caso\,contrário \end{cases}$$

• *Quadrática-linear*: em que a função objetivo se mantém conforme a minimização dos resíduos quadráticos ponderados, exceto para valores de $|r_i / \sigma_i|$ maiores que um parâmetro de ajuste a definido entre os valores de 1 a 4, geralmente, passando a variar linearmente proporcional ao aumento do resíduo. Dessa forma, a medição com erros grosseiros é suprimida, uma vez que sua parcela será calculada de maneira diferente em relação às medições com resíduos menores consideradas livres de erros sistemáticos.

$$\rho(r_i) = \begin{cases} r_i^2 / \sigma_i^2, & caso\, |r_i / \sigma_i| < a \\ 2a\sigma_i |r_i| - a^2\sigma_i^2, & caso\, contrário \end{cases}$$

• *Mínimo valor absoluto* (em livre tradução da expressão inglesa *least absolute value*): em que a função objetivo é igual ao valor absoluto do resíduo, sendo que este não mais será ponderado pelo desvio padrão relativo às classes de exatidão.

$$\rho(r_i) = |r_i|$$

Uma vez que são baseados na formulação de modelos de otimização, é necessário utilizar métodos como pontos interiores ou linearização sucessiva a fim de se resolver os problemas com equações algébricas não lineares.

Além do procedimento sugerido pelos estimadores M, existe ainda o denominado método dos mínimos quadrados reponderados iterativamente [37] (em livre tradução de *iteratively re-weighted least squares*). Nesta metodologia, o algoritmo de estimação de estados é executado a cada iteração a partir da aplicação das equações normais. Para medições associadas a resíduos maiores que um parâmetro de ajuste a, compreendido entre 1 e 4, o resíduo quadrático será reponderado a cada iteração atribuindo menor peso àquela grandeza portadora de erro grosseiro. Como consequência, o efeito desta é suprimido iterativamente, garantindo resultados de estimação satisfatórios e, além disso, evitando eliminar medições que podem ser críticas.

Tais abordagens são bastante úteis e práticas em um ambiente de redes elétricas inteligentes, principalmente para sistemas com topologia radial em que há escassez de informações obtidas em tempo real.

Para um exemplo ilustrativo, considere a Tabela 4.7 deste capítulo, em que um caso de estudo foi conduzido considerando que o erro grosseiro é introduzido na medição do fluxo de potência ativa entre as barras 1 e 2.

Neste exemplo, o valor do resíduo normalizado foi calculado sendo igual a 7,8359. Note-se que o desvio padrão associado à medição de fluxo de potência ativa foi considerado igual a 0,010 durante o processo de estimação de estados. A fim de demonstrar a eficiência no procedimento de reponderar a medição errônea, considere que, ao invés de seu desvio padrão ser considerado igual ao valor anterior, este será adotado como um valor maior, igual a 3,000, por exemplo.

Adotando este procedimento simples, o valor da função objetivo já é minimizado para 0,9536, o que indica uma melhora no desempenho computacional, estando abaixo do valor limítrofe usado para a detecção de erros grosseiros. Na Tabela 4.8, são mostrados os valores de resíduos normalizados. Nas Tabelas 4.9 e 4.10 são mostrados os resultados do processo de estimação de estados considerando a medição errônea reponderada conforme mencionado.

Tabela 4.8 – Resíduos normalizados de medição

Número da medição	Grandeza mensurada	Valor mensurado (pu)	r_i^N
1	V_1	1,0000	0,0235
2	V_2	0,9817	0,0240
3	P_2	0,0200	0,2367
4	Q_2	0,0100	0,0001
5	P_{1-2}	**1,7100**	0,9759
6	P_{2-3}	0,0404	0,2367
7	P_{2-4}	-0,0480	0,2367
8	Q_{1-2}	0,1535	0,0015
9	Q_{2-3}	0,0102	0,0001
10	Q_{2-4}	0,1309	0,0001

Tabela 4.9 – Resultado de magnitudes de tensão estimadas

Barra (*k*)	V_k(Estimado)	V_k(Real)	*Erro*$_k$(%)
1	1,0005	1,0000	0,0502
2	0,9794	0,9817	0,2284
3	0,9693	0,9724	0,3194
4	0,9773	0,9800	0,2723

Tabela 4.10 – Resultado de ângulos de tensão estimados

Barra (*k*)	θ_k(Estimado)	θ_k(Real)	Erro$_k$(%)
1	0,0000	0,0000	–
2	1,6163	1,6916	4,4520
3	1,4708	1,5716	6,4136
4	2,5311	2,6141	3,1753

É interessante notar que, apesar de os erros de estimação ainda serem elevados, o impacto da reponderação da medição errônea pôde ser comprovado, mostrando que, ao adotar este procedimento, é possível manter a grandeza mensurada no plano de medição, evitando sua eliminação e sendo possível ainda obter resultados de estimação menos distantes dos valores reais.

Para comparação, sugere-se ao leitor revisar os valores de erros de estimação nas Tabelas 4.3 e 4.4, que demonstra que quando o erro grosseiro é introduzido no plano de medição sem reponderação.

4.6 CORREÇÃO DE ERROS GROSSEIROS

O ideal, durante o processo de estimação, seria, após a identificação da medição com erro grosseiro, corrigi-lo por meio de uma calibração feita online a fim de evitar a exclusão da mensuração do plano de medição, mantendo a qualidade das estimativas [6].

Tal procedimento não é trivial, pois adiciona uma não linearidade a mais nas equações utilizadas para se resolver o problema de estimação de estados.

Entretanto, técnicas heurísticas ou meta-heurísticas podem ser utilizadas para se determinar a correção de medidas aquisitadas a serem usadas na EE.

A formulação clássica do problema de estimação de estados pode ser modificada conforme mostrado no modelo de otimização proposto a seguir:

$$\min J\left(\widehat{\mathbf{x}},\psi\right) = \frac{1}{2}\sum_{i=1}^{m}\left(\frac{\psi_i\, z_i - \phi_i\left(\hat{\mathbf{x}}\right)}{\sigma_i}\right)^2$$

Sujeito a (s.a.):

$\psi_i=1$ (caso a medição seja considerada livre de erros grosseiros)

$$\psi_i^{min} \le \psi_i \le \psi_i^{max} \text{ (caso contrário)}$$

Nesta formulação, o problema de estimação de estados a ser resolvido deve determinar o vetor de variáveis de estados e os valores dos fatores de calibração ψ_i associados à i-ésima medição. Caso a medida seja identificada como suspeita de ser portadora de erros grosseiros, ela deve ser recalibrada pelo algoritmo estando entre limites correspondentes inferiores e superiores determinados em uma restrição de desigualdade.

Esse procedimento permite a manutenção da medição no plano de medição, garante que a observabilidade do sistema não seja afetada e permite calcular os valores exatos para corrigir a medição com erro grosseiro. Entretanto, apesar de parecer trivial a formulação do método, ele pode levar a solução a mínimos locais em que tanto os estados operativos quanto os valores dos fatores sejam determinados incorretamente devido à não linearidade associada ao problema em questão.

Para solucionar a problemática, é possível lançar mão de técnicas que permitam que a solução seja obtida por meio de abordagens probabilísticas usando meta-heurísticas como algoritmo genético e busca padronizada generalizada, do inglês *generalized pattern search algorithm* (GPSA), como efetuado com sucesso na referência [38], em que a técnica GPSA é aplicada conforme descrito anteriormente para se determinar os valores exatos dos fatores de calibração em uma rede de distribuição com número limitado de PMUs instaladas. Neste caso, é provado que, por meio de um mapeamento da região de busca realizada pela técnica de otimização, é possível recalibrar as medições portadoras de erros grosseiros com eficiência, garantindo que os resultados da EE sejam fornecidos com exatidão sem comprometer sua aplicabilidade em redes elétricas inteligentes. Ainda, na referência [38], além de o algoritmo proposto resultar em estimativas satisfatórias para a frequência fundamental, é mostrado que a correção de erros grosseiros no processo de medição de componentes harmônicas também pode ser melhorada devido ao excelente desempenho da metodologia para corrigir as denominadas *bad data*. É importante notar que, até o momento de sua publicação em 2022, não havia metodologia publicada destinada à correção de erros grosseiros em estimação de estados em redes de distribuição com escassez de medidores considerando a presença de cargas não lineares.

Nesse caso, a possibilidade de se explorar uma região de busca por uma solução ótima factível que seja capaz de minimizar a função $J(\hat{x},\psi)$ é ampliada, permitindo que a solução factível seja, de fato, possível de ser calculada.

Nos casos em que medições erradas foram simuladas, bastaria recalibrar seus valores para que as estimativas de magnitude e ângulos de tensões em todas as barras do sistema fossem novamente estimadas com a máxima precisão possível.

CAPÍTULO 5

SISTEMA DE MONITORAMENTO DE HARMÔNICOS

5.1 CONSIDERAÇÕES INICIAIS

Concebida através dos conceitos estabelecidos por Fred Schweppe e Handschin [11-13 e 32], a estimação de estados em SEPs foi idealizada para sintetizar informações coletadas da rede por meio de medidores tradicionais que mensuram grandezas elétricas na frequência fundamental.

É sabido que a frequência do sistema, seja a mesma 60 Hz (no caso do Brasil, por exemplo) ou 50 Hz (no caso de países europeus), varia ao longo do dia de acordo com o balanço de potências geradas e consumidas, sendo controlada por meio de mecanismos como regulação primária e secundária de frequência [24]. Apesar das variações serem pouco expressivas em sistemas de transmissão devido à alta inércia das máquinas rotativas existentes nas grandes unidades de geração, esses valores têm se tornado cada vez mais intermitentes devido à conexão de fontes renováveis alternativas no sistema, como usinas solares, heliotérmicas e fazendas eólicas, devido à intermitência da geração e baixa inércia delas.

Em um mundo que percebe a transição energética como fato necessário para a substituição do uso de fontes de geração baseadas em queima de combustíveis fósseis por soluções que evitem impactos negativos ao meio ambiente e sociedade, deve-se considerar modelagens matemáticas e desenvolvimento de ferramentas analíticas que subsidiem a avaliação da operação de sistemas elétricos de potência em tempo real. Assim, facilitando tomadas de ação em centros de controle e permitindo que, de fato, as redes elétricas inteligentes sejam implementadas e consolidadas [39].

A manutenção da qualidade de energia em sistemas elétricos emergentes é de suma importância, correspondendo a uma série de distúrbios que afetam a operação e estabilidade dos SEPs, sendo importante desenvolver ferramentas e tecnologias que permitam mensurar parâmetros de qualidade de energia, modelagens matemáticas e maneiras de efetuar a mitigação dos seus efeitos indesejados.

Neste capítulo, serão abordados conceitos essenciais sobre qualidade de energia, análise harmônica e o conceito de estimação de estados harmônicos desenvolvido por Heydt em 1989 [40].

5.2 QUALIDADE DE ENERGIA EM SISTEMAS DE POTÊNCIA

A qualidade de energia é um termo cunhado e usado abrangentemente. Entretanto, sua conceituação e percepção são sentidas de maneira diversa pelo lado consumidor de energia elétrica e pelos responsáveis pela geração, transmissão e distribuição de energia (operadores do sistema nacional, concessionárias e empresas responsáveis pela transmissão de energia) [3].

A visão diferente entre consumidor e concessionária é frequentemente tomada como base para se estabelecer os conceitos que permeiam a temática. Por exemplo, se se questiona com o consumidor quais são os critérios que garantem a qualidade de energia entregue em sua casa, indústria ou comércio, ele responderá baseado em sua vivência e conhecimento acerca do assunto, provavelmente envolvendo temas relevantes como a disponibilidade da eletricidade em qualquer hora do dia de forma contínua, ininterrupta e sem danificar seus equipamentos eletroeletrônicos. Em contrapartida, caso a mesma pergunta seja feita aos representantes de uma concessionária, eles irão responder ao questionamento baseando-se em seus conhecimentos técnicos acerca do assunto, ressaltando a importância de se manter indicadores coletivos de continuidade como DEC (duração equivalente de interrupção por unidade consumidora) e FEC (frequência equivalente de interrupção por unidade consumidora); bem como indicadores de distorção como THD (do inglês *total harmonic distortion*) e IHD (do inglês *individual harmonic distortion*) abaixo dos níveis máximos permitidos por normas como o módulo 8 dos Procedimentos de Distribuição de Energia Elétrica no Sistema Elétrico Nacional (Prodist) e os Procedimentos de Redes do ONS.

Os distúrbios de qualidade de energia podem ser considerados como "qualquer problema manifestado na tensão, corrente ou frequência que resulte em falha ou má operação de equipamento ou consumidor" segundo [3], sendo divididos em três categorias principais:

- *Qualidade do Atendimento*: caracterizado como o relacionamento comercial entre empresa e cliente;
- *Qualidade do Serviço*: caracterizado como continuidade do serviço e interrupções devido à manutenção preventiva e corretiva;
- *Qualidade do Produto*: caracterizada como problemas ou distúrbios na forma de onda do sistema.

A qualidade do produto é frequentemente denominada qualidade da tensão e reúne os principais fenômenos indesejados que corrompem os sinais elétricos de tensão e corrente em sistemas de potência, como os listados a seguir:

• *VTLDs* (variações de tensão de longa duração): este problema é frequentemente associado às subtensões e sobretensões ocasionadas por excesso de carga ou geração, respectivamente, e é analisado em regime permanente por meio de sucessivos fluxos de potência, por exemplo, variando-se a carga e geração a partir de perfis de geração e fatores de carga variantes no tempo a partir de patamares típicos.

• *VTCDs* (variações de tensão de curta duração): este fenômeno é caracterizado por eventos transitórios ocorridos em intervalos de tempo reduzidos, sendo uma característica deles a variação abrupta do valor eficaz de tensão/corrente com retorno ao valor habitual em segundos. São denominados, comumente, de afundamentos ou elevações de tensão (em tradução dos termos do inglês *sags e swells*, respectivamente) sendo muito comuns em sistemas industriais devido ao acionamento de fornos a arco, partida de motores e máquinas de grande porte [41]. Na Figura 5.1, um afundamento de tensão é ilustrado, incluindo parâmetros típicos, como sua duração e tensão mínima observada durante cerca de 20 ms, no exemplo ilustrativo.

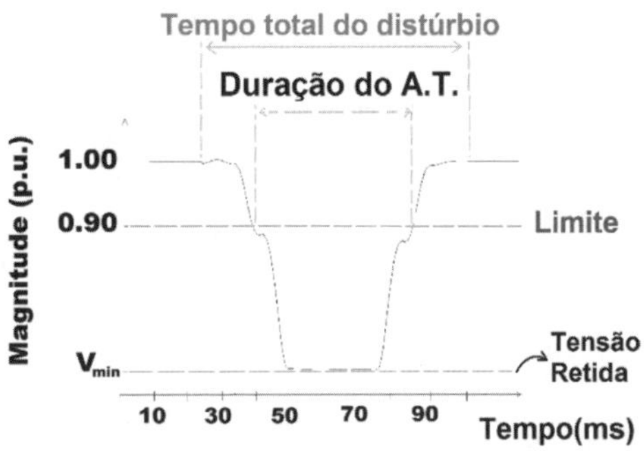

Figura 5.1 – Afundamento de tensão.

• *Variações de frequência*: este problema ocorre naturalmente em SEPs devido ao balanço entre carga e geração que varia ao longo do dia, afetando a velocidade de rotação de máquinas e, por consequência, há a alteração dos valores de frequência devido à inércia.

• *Distorções harmônicas*: estas são resultantes da conexão de cargas não lineares na rede, como equipamentos eletrônicos, inversores, conversores, transformadores saturados, equipamentos FACTS (*flexible aternating current transmission systems*) e sistemas HVDC (*high voltage direct current*) [42, 43].

Além dos problemas supracitados, ainda são fenômenos considerados como problemas de qualidade de energia o fator de potência, compensação de potência reativa, ruídos eletromagnéticos, proliferação de inter-harmônicas (aparecimento de correntes em frequências múltiplas não inteiras da fundamental) sub e supra-harmônicas (componentes abaixo de 60 Hz e acima de 2 kHz, respectivamente). A resposta no domínio da frequência da conexão de parques eólicos e usinas fotovoltaicas antes e pós-instalação delas nos SEPs também se encaixa nos fenômenos estudados neste âmbito.

Neste contexto, o uso de cargas com características não lineares proliferadas a partir do uso intensivo de equipamentos eletrônicos, o advento da eletrônica de potência e a integração energética de geração distribuída conectada aos sistemas de potência por meio de inversores resultam no aparecimento de distorções harmônicas, as quais ocasionam diversos problemas, como sobreaquecimento de máquinas, perdas elétricas em cabos e enrolamentos, mau funcionamento de aparato eletrônico e relés de proteção, envelhecimento prematuro de banco de capacitores e outros dispositivos, conflitos de telecomunicação, ressonâncias ferromagnéticas, vibrações mecânicas e danos ao isolamento de motores em instalações industriais [44].

5.3 DISTORÇÕES HARMÔNICAS E CARGAS NÃO LINEARES

As componentes harmônicas são causadas pela não linearidade entre a tensão aplicada em uma carga e sua corrente [42]. Como consequência, o aparecimento de distorções nas ondas idealizadas como senoides perfeitas se torna mais notável, afetando não apenas a localidade ao entorno daquela carga como todo o sistema ao qual ela está conectada, podendo resultar na proliferação de correntes em frequências múltiplas da fundamental por toda a rede elétrica, causando diversos malefícios, prejuízos técnicos e econômicos.

As harmônicas são caracterizadas como componentes múltiplas da frequência fundamental que distorcem o aspecto senoidal dos sinais de tensão e corrente, sendo mais expressivas em SEPs as harmônicas de terceira, quinta e sétima ordens harmônicas (180, 300 e 420 Hz, no caso brasileiro). A ordem harmônica *h* indica o número múltiplo inteiro pelo qual o valor da frequência fundamental é multiplicado para se obter a frequência harmônica correspondente.

A análise de Fourier consiste em uma técnica matemática que é estabelecida no pressuposto de que todo sinal periódico e estacionário que seja distorcido pode ser decomposto em múltiplos sinais senoidais com frequências diferentes, sendo possível obter a magnitude e fase de ondas de tensão e corrente para diferentes ordens harmônicas.

Frequentemente, a análise de Fourier é aplicada em sinais distorcidos com o objetivo de se separar as componentes harmônicas da frequência fundamental, como ilustrado na Figura 4.2, em que um sinal corrompido e distorcido é separado, após a análise de Fourier, em múltiplos sinais senoidais perfeitos de frequências diferentes, incluindo o sinal de 60 Hz, 180 Hz e 300 Hz, sendo, respectivamente, a frequência fundamental, terceira e quinta ordens harmônicas.

Comumente, a análise de Fourier prioriza a obtenção de componentes harmônicas até a quinquagésima ordem, considerando taxas de amostragens compatíveis para tal, por exemplo, 256 amostras por ciclo de uma onda com frequência fundamental de 60 Hz, como mostrado na Figura 5.2.

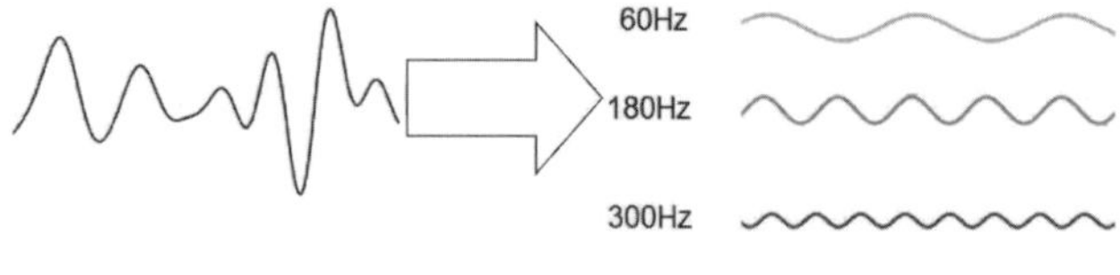

Figura 5.2 – Separação de sinal distorcido em múltiplas frequências.

Uma vez que é possível, a partir da análise de Fourier, obter magnitudes e fase para cada ordem harmônica, é possível avaliar o comportamento e propagação das correntes injetadas nos SEPs em diferentes ordens harmônicas a partir do princípio da superposição.

Seja o seguinte sinal s(t) de tensão medido em Volts e determinado no domínio do tempo para uma frequência fundamental de 60Hz:

$$s(t) = 100sen((2\pi 60)t + 30^o) + 10sen((2\pi 180)t + 25^o) + 5sen(2\pi 300t + 56^o)V$$

Pode-se, através da aplicação da análise de Fourier, determinar a magnitude/fase para a frequência fundamental (*h = 1*) e para suas frequências múltiplas, conforme mostrado na Tabela 5.1.

Tabela 5.1 – Parâmetros calculados para cada ordem harmônica

Ordem harmônica	Frequência (Hz)	Magnitude (Volts)	Fase (graus)
1	60	100	30
3	180	10	25
5	300	5	56

Uma tabela determinada para um equipamento ou carga não linear na qual é mostrada a magnitude percentual e ângulo de cada componente harmônica dele é denominada espectro harmônico e deve ser informada por fabricantes de equipamentos no caso de cargas não lineares.

Mostra-se na Tabela 5.2 um exemplo de espectro harmônico de um conversor típico indicando as porcentagens de cada ordem harmônica na corrente injetada em um certo ponto no qual ele será conectado. É comum adotar o valor de 100% referente à frequência fundamental associado à corrente demandada pelo equipamento para o seu funcionamento. Os demais valores percentuais indicam a percentagem do valor da corrente de carga que será injetada no sistema na respetiva ordem harmônica.

Tabela 5.2 – Espectro harmônico para um conversor típico

Ordem harmônica	Frequência (Hz)	Magnitude (%)	Fase (graus)
1	60	100	30
3	180	23	25
5	300	16	56
7	420	12	75
9	540	10	-92
11	660	5	-112

Por exemplo, de acordo com os valores adotados na Tabela 5.2, suponha que o conversor drene da rede elétrica uma corrente demandada igual a 2,00 pu. De acordo com o espectro harmônico da carga não linear, a corrente injetada no sistema de terceira ordem, em 180 Hz, será igual a 23% desse valor, resultando em 0,46 pu. Os ângulos determinados para cada frequência representam a defasagem angular naquela determinada ordem harmônica.

Entretanto, as fontes harmônicas existentes em um sistema somam-se fasorialmente, produzindo efeitos de propagação que só podem ser averiguados mediante auxílio de ferramentas computacionais destinadas a análise de propagação e penetração harmônica em SEPs, sendo cada barra da rede uma possível fonte harmônica para ela por meio da agregação de consumidores conectados a um determinado centro de carga.

A fim de computar índices relacionados às distorções harmônicas é comum a determinação do THD_V e IHD_V^h de tensão, calculados respectivamente pelas expressões, em valores percentuais [3]. Estes mensuram as distorções harmônicas total e individual de tensão, respectivamente, sendo H_{max} a máxima ordem harmônica sob análise, a qual é geralmente definida por limitações da simulação computacional ou até quinquagésima ordem harmônica seguindo critérios internacionais como os da International Electrotechnical Commission (IEC).

$$THD_v = 100.\frac{\sqrt{\sum_{h=2}^{H_{max}} \left(V^h\right)^2}}{V^1} \ (\%)$$

$$IHD_v^h = 100.\frac{V^h}{V^1} \ (\%)$$

Analogamente, para os valores de corrente, podem ser calculados os índices THD_i e IHD_i^h:

$$THD_i = 100.\frac{\sqrt{\sum_{h=2}^{H_{max}} \left(I^h\right)^2}}{I^1} \ (\%)$$

$$IHD_i^h = 100.\frac{I^h}{I^1} \ (\%)$$

Para o caso de estudo da Tabela 5.1, note os valores $V^1 = 100$, $V^3=10$ e $V^5=5$. Utilizando as definições dos índices mencionados, é fácil calcular o THD_V como igual a 11,18%, sendo $IHD_V^3 = 10\%$ e $IHD_V^5=5\%$. Outra forma de calcular o THD_V a partir dos valores individuais de distorção é por meoo da expressão:

$$THD_v = \sqrt{\left(IHD_v^3\right)^2 + \left(IHD_v^5\right)^2} = \sqrt{10^2 + 5^2} = 11{,}18\ \%$$

Outro índice bastante utilizado é o *total demand distortion* (TDD), calculado a partir da seguinte equação, em que I^L é o valor da corrente de carga demandada máxima observada, determinada como a média dos valores de corrente das demandas máximas para os últimos doze meses obtidos por meio de mensuração no ponto de acoplamento entre a carga não linear e o sistema elétrico:

$$THD_i = 100.\frac{\sqrt{\sum_{h=2}^{H_{max}} \left(I^h\right)^2}}{I^L}\%$$

Os valores máximos dos índices para determinação da distorção harmônica são estabelecidos por normas nacionais e internacionais, como o módulo 8 do Prodist [45], submódulo 2.9 dos Procedimentos de Redes do NOS [46] e IEEE 519 [47].

Em normas nacionais, os termos THD e IHD são frequentemente substituídos por DTT (distorção total de tensão) e DIT (distorção individual de tensão), respectivamente.

Geralmente, valores máximos aceitáveis para DTT em sistemas de transmissão podem chegar até 3% e, na distribuição, até 5% devido à proximidade à carga. Tipicamente, esses valores de referência só possuem efeito prático caso sejam acompanhados de um protocolo de medição especificando a forma de se agrupar dados mensurados em campo.

Um medidor capaz de calcular as componentes harmônicas existentes em um sinal de tensão e corrente é, portanto, instalado no ponto de conexão agrupando dados em intervalos regulares de tempo, geralmente 10 minutos considerando sensores convencionais. O valor eficaz de cada ordem harmônica é calculado por meio da média quadrática ponderada de todos os dados amostrais coletados, posteriormente.

Devido à variação ao longo do tempo das componentes harmônicas, a coleta de amostras é realizada um número de vezes adequado para se avaliar a condição operativa de maneira adequada, sendo comum os sensores ficarem instalados por períodos de até duas semanas, por vezes até mais que isso.

A partir da coleta de dados, é possível realizar estudos estatísticos acerca dos valores mensurados, os quais são avaliados pela construção de histogramas e curvas de frequência relativa acumulada após realizada a campanha de medição.

Por exemplo, observe o histograma de 1.008 amostras válidas coletadas em campo de valores de DTT em porcentagem, na Figura 5.3.

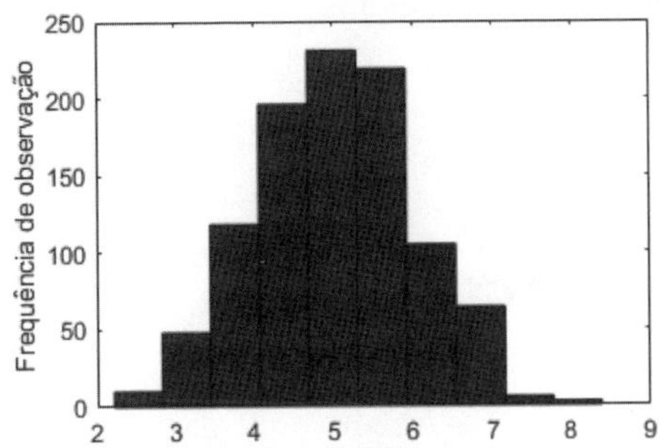

Figura 5.3 – Histograma de DTT.

A partir do histograma, é possível construir um gráfico de frequência relativa acumulada como ilustrado pela Figura 5.4. Note-se que o valor associado à frequência acumulada de 95% (0.95) no gráfico é associado a um valor de 4,97 %. Esse valor é utilizado para definir o denominado $DTT_{95\%}$.

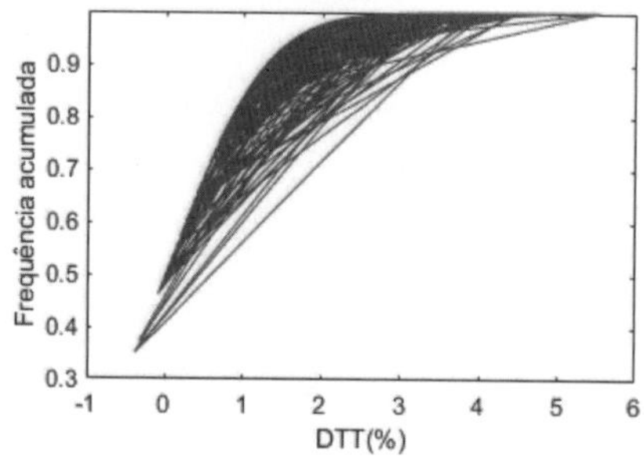

Figura 5.4 – Frequência acumulada.

Os índices de distorção harmônica totais e individuais são determinados a partir da frequência acumulada de 95% a fim de evitar que dados espúrios ou pouco frequentes interfiram na análise durante as campanhas de medição. Tais valores dos índices são referenciados na literatura, devendo estar abaixo de limites impostos por normas nacionais específicas.

Os valores limítrofes de $DTT_{95\%}$. são determinados conforme a Tabela 5.3, extraída a partir de informações contidas no módulo 8 do Prodist, referente a sua atualização no ano de 2018. Os valores de referência para distorções individuais também são estabelecidos. Entretanto, as normas nacionais não especificam valores de referência para distorções de corrente, sendo necessário utilizar as recomendações da IEEE 519, que indica limites para TDD de acordo com o nível de curto-circuito no ponto de acoplamento comum.

Tabela 5.3 – Limites das distorções harmônicas totais (em % da tensão fundamental)

Nível de tensão nominal	$DTT_{95\%}$
$V_n \leq 1,0kV$	10,0%
$1,0kV < V_n < 69,0kV$	8,0%
$69kV \leq V_n < 1,0kV$	5,0%

Fonte: Prodist, 2018.

5.4 GRANDEZAS SOB CONDIÇÕES NÃO SENOIDAIS

Desde que o estudioso de engenharia elétrica aprende conceitos básicos acerca de circuitos lineares, erigem-se conhecimentos acerca de grandezas elétricas definidas para condições senoidais perfeitas.

Entretanto, as próprias definições de potência ativa/reativa e, por consequência, o fator de potência sofrem com modificações essenciais quando se considera a teoria das grandezas sob condições não senoidais [48].

Considera-se que, para a frequência fundamental f_1 em Hertz, a frequência angular ω_o é definida como $\omega_o = 2\pi f_1$. A partir disso, definem-se sinais genéricos de tensão v(t) e corrente i(t) como sendo o somatório de componentes harmônicas desde $h = 1$ até a máxima ordem H_{max}.

$$v(t) = \sum_{h=1}^{H_{max}} v_h(t) = \sum_{h=1}^{H_{max}} \sqrt{2}\, V_h sen(hw_o t + \theta_h)$$

$$i(t) = \sum_{h=1}^{H_{max}} i_h(t) = \sum_{h=1}^{H_{max}} \sqrt{2}\, I_h sen(hw_o t + \delta_h)$$

Para definir a potência instantânea $p(t)$ e média P, utilizam-se os seguintes conceitos e aplicações, sendo T o período considerado, P_h a potência harmônica individual associada à ordem harmônica h, e P_h é chamada de potência harmônica total, segundo a IEEE 1459 [49].

$$p(t) = v(t)i(t)$$

$$P = \frac{1}{T}\int_O^T p(t)\,dt = \sum_{h=1}^{H_{max}} V_h I_h cos(\theta_h - \delta_h)$$

$$P = \sum_{h=1}^{H_{max}} P_h = P_1 + P_H$$

A potência complexa também pode ser interpretada de forma similar, a partir dos conceitos de tensão e corrente eficazes, V_{rms} e I_{rms}, respectivamente, conforme mostrado a seguir:

$$V_{rms} = \sqrt{\frac{1}{T}\int_O^T v^2(t)\,dt} = \sqrt{\sum_{h=1}^{H_{max}} V_h^2} = \sqrt{V_1^2 + V_H^2} = V_1\sqrt{1 + THD_v^2}$$

$$I_{rms} = \sqrt{\frac{1}{T}\int_O^T i^2(t)\,dt} = \sqrt{\sum_{h=1}^{H_{max}} I_h^2} = \sqrt{I_1^2 + I_H^2} = I_1\sqrt{1 + THD_i^2}$$

A partir dos conceitos definidos, pode-se calcular a potência complexa como sendo a multiplicação dos valores eficazes de tensão e corrente.

$$S = V_{rms} I_{rms}$$

$$S^2 = (V_1 I_1)^2 + (V_1 I_H)^2 + (V_H I_1)^2 + (V_H I_H)^2$$

$$S_H = (V_H I_H) = \sqrt{P_H^2 + D_H^2}$$

Sob condições senoidais, as seguintes expressões são verdadeiras:

$$(V_1 I_1) = P_1^2 + Q_1^2$$

$$P_1 = V_1 I_1 \cos(\theta_1 - \delta_1)$$
$$Q_1 = V_1 I_1 \text{sen}(\theta_1 - \delta_1)$$

Neste caso, o fator de potência *fp* será igual a *P/S*.

Para definir o fator de potência *FP* sob condições não senoidais, utilizam-se as seguintes expressões algébricas, assumindo que geralmente $THD_i^2 \gg THD_v^2$:

$$FP = \frac{P}{S} = \frac{P_1 + P_H}{V_{rms} I_{rms}} = 100.\frac{P_1[1 + P_H / P_1]}{V_1 I_1 \sqrt{1 + THD_v^2}\sqrt{1 + THD_i^2}}$$

$$FP = \frac{P_1}{V_1 I_1}.\frac{1}{\sqrt{1 + THD_i^2}} = fp\ .F_d$$

em que *fp* é o fator de potência calculado sob condições senoidais e F_d é chamado de fator de distorção. Note-se que é perceptível que *FP* é diferente de *fp*, a depender da distorção total de corrente.

Na Figura 5.5, é mostrada a relação entre a distorção total de corrente e o fator de potência real do sistema. Quanto maior a distorção, menor fica o valor absoluto de FP. Tal fato deve ser levado em consideração quando bancos de capacitores forem instalados em sistemas de potência.

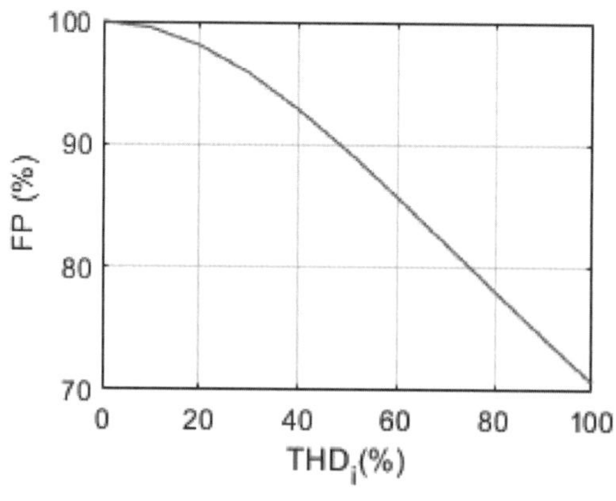

Figura 5.5 – Fator de potência e THD de corrente.

A partir dos conceitos erigidos nesta seção, pode-se determinar, além das potências fundamentais, potências harmônicas individuais calculadas para cada ordem *h*:

$$P_h = V_h\ I_h\ cos(\theta_h - \delta_h)$$
$$Q_h = V_h\ I_h\ sen(\theta_h - \delta_h)$$

É comum efetuar os cálculos de potências ativas harmônicas a fim de determinar, a partir da medição em um ponto de acoplamento comum, valores associados a essas grandezas a fim de se localizar a fonte predominante de distorção harmônica. A direção do fluxo de potência harmônica, nesse sentido, indica se há predominância do lado do consumidor ou da concessionária em relação ao compartilhamento da responsabilidade pela distorção harmônica no PAC (ponto de acoplamento comum) [50].

Na Figura 5.6, tem-se um esquemático unifilar em equivalentes de Norton para os dois lados definidos a partir do PAC, em que R_s, L_s e I_s representam resistência, indutância e corrente injetada pelo lado da concessionária. Em contrapartida, R_C, L_C, C e I_C são resistência, indutância, capacitância e corrente injetada pelo lado do consumidor. A partir de um medidor, é possível calcular as tensões e correntes fasoriais no PAC.

Na Figura 5.7, tem-se a representação de dois tipos diferentes de possíveis situações a ocorrer no sistema. Caso o consumidor seja a fonte harmônica dominante, o fluxo de potência naquela ordem específica será maior que zero. Em contrapartida, se a concessionária for a maior poluidora do sistema, a direção do fluxo será contrária e a potência harmônica ativa será negativa, indicando absorção pelo lado do consumidor [51].

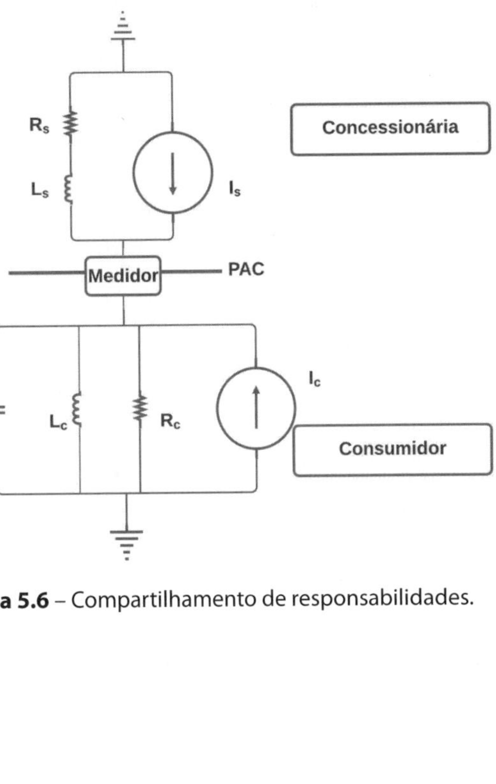

Figura 5.6 – Compartilhamento de responsabilidades.

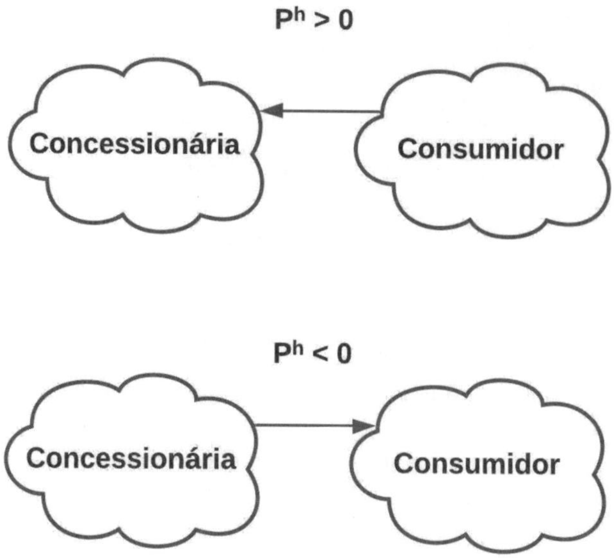

Figura 5.7 – Direção do fluxo de potência ativa harmônica.

Geralmente, o consumidor que apresenta uso expressivo de cargas com características não lineares acaba sendo a fonte dominante de harmônicas da rede. Entretanto, devido à existência de distorções anteriores advindas do sistema de alta tensão, por exemplo, há a existência de *background distortion*, as quais são componentes harmônicas preexistentes na rede antes da alocação de cargas não lineares a terem seus impactos analisados após sua conexão com o sistema. Tal efeito resulta no aparecimento de componentes harmônicas que fluem da subestação de energia em direção aos consumidores. Nesse último caso, os centros de carga consumidores atuam como atenuadores de distorção harmônica, uma vez que absorvem a energia gerada pelas correntes injetadas do lado da concessionária.

Na prática, o uso da direção do fluxo de potência ativa harmônica é questionado devido à falta do uso intensivo e abrangente de medidores fasoriais sincronizados nas redes de baixa e média tensão, o que pode resultar em cálculos errados.

Apesar das problemáticas apontadas, este método para determinar a localização da fonte harmônica dominante é predominantemente utilizado e implementado em *softwares* e medidores de qualidade de energia atuais que medem fasores harmônicos e outros parâmetros de qualidade de energia.

Para computar corretamente o uso das potências harmônicas, é estabelecido o índice denominado *supply and loading quality index* (SLQI) conforme estabelecido a seguir, em que P_1 representa a carga consumida na frequência fundamental [51]:

$$SQLI = \frac{P_1 + \sum_{h=2}^{H_{max}} P_h}{P_1} = \frac{P_1 + P_H}{P_1}$$

Como as potências harmônicas costumam ter valor pouco significativo em relação ao montante referente à fundamental, é realizado um somatório no numerador da equação usada para cômputo do índice em questão.

Note-se que ele poderá assumir valores iguais a 1 caso não haja distorções harmônicas no sistema. Caso seja maior que um, significa que a concessionária é a fonte predominante de poluição. Em caso contrário, a maior responsabilidade seria atribuída ao lado do consumidor.

5.5 ANÁLISE HARMÔNICA EM SISTEMAS DE POTÊNCIA

Uma vez que as correntes harmônicas injetadas nos SEPs se propagam por eles, ocasionando diversos impactos negativos, é extremamente importante analisar as redes no domínio da frequência considerando a introdução de cargas não lineares, sendo estas fontes harmônicas que distorcem os sinais de tensão e corrente elétricos [52].

Para a avaliação do estado operativo de sistemas elétricos de potência para frequências múltiplas da fundamental, pode-se desenvolver métodos analíticos no domínio da frequência em regime permanente e métodos no domínio do tempo. Os últimos, por demandarem elevado esforço computacional, são preteridos nesta obra, o foco principal é o desenvolvimento de análises estáticas no domínio da frequência em regime permanente.

As principais formas de análise harmônica são compostas por métodos de varredura na frequência (em livre tradução da expressão inglesa *frequency scan*), análise modal para detecção de ressonâncias e o fluxo de potência harmônico (FPH), referenciado na literatura como estudos de penetração de harmônicos em estado estacionário [52].

A varredura de frequência almeja determinar valores de grandezas elétricas como impedâncias, tensões e correntes harmônicas desde o valor da fundamental até a máxima ordem sob análise. Neste tipo de estudo, a rede é avaliada em cada frequência de observação, sendo possível identificar frequências de ressonância nas quais os valores de impedância tornam-se bastante elevados, por exemplo, no caso da existência de ressonância paralela ocasionada frequentemente em sistemas de distribuição após a conexão de banco de capacitores conectados em paralelo. Qualquer excitação de corrente introduzida nesta frequência de ressonância resultará em um valor exacerbado de tensão devido à elevação do valor da impedância no ponto de análise. O método da varredura permite um estudo mais localizado das distorções harmônicas resultantes das injeções de correntes em frequências múltiplas da fundamental.

A análise modal permite avaliar um comportamento do sistema efetuando a verificação de pontos de ressonâncias notórios a partir da separação da matriz admitância da rede para determinada ordem harmônica em autovetores e autovalores que podem ser utilizados para analisar quais barras do sistema são mais sensíveis ao fenômeno de ressonância quando correntes harmônicas são injetadas na rede.

Em contrapartida, o FPH consiste em uma ferramenta de análise sistêmica em que não apenas o valor da distorção harmônica em um único ponto notável da rede é avaliado, mas a propagação de harmônicos por ela toda é almejada, permitindo, dessa forma, que haja um completo entendimento de como as correntes harmônicas penetram nos sistemas e, além disso, como elas podem resultar em problemas expressivos mesmo quando a injeção de corrente harmônica se dá em localizações geográficas no sistema distantes umas das outras [53].

O FPH pode ser determinado por métodos diretos a partir do cálculo das tensões harmônicas nas barras do sistema a partir do conhecimento da matriz impedância harmônica formada para cada frequência de interesse e as correntes injetadas em determinada ordem, ou usando métodos iterativos como Newton-Raphson, por exemplo.

Na Figura 5.8, um sistema de 6 barras é apresentado considerando diversos níveis de tensão como 500 kV, 230 kV e 13,8 kV.

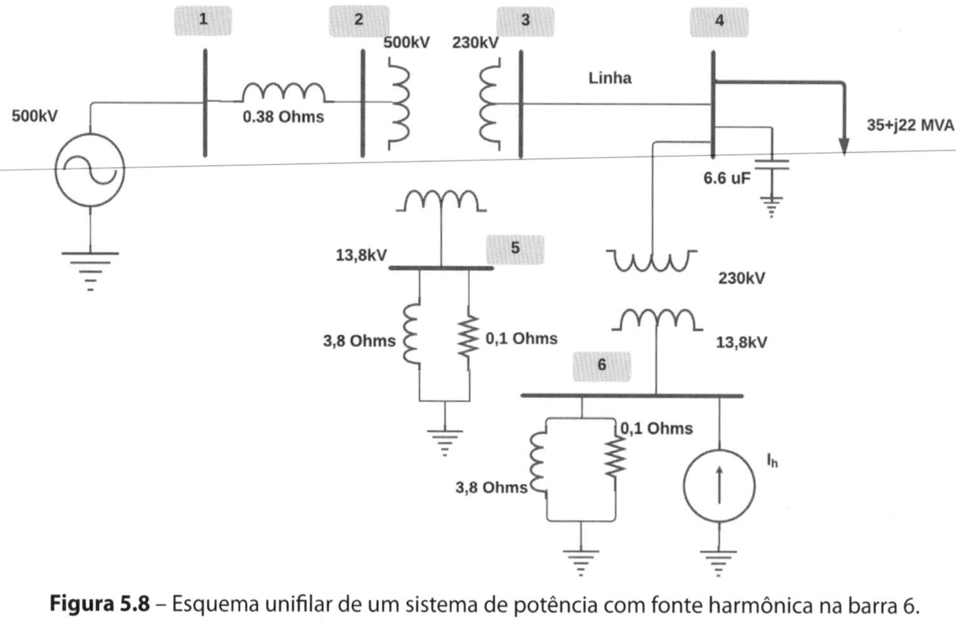

Figura 5.8 – Esquema unifilar de um sistema de potência com fonte harmônica na barra 6.

Uma carga não linear, modelada como fonte de corrente harmônica I_h, é inserida na barra 6 de média tensão. Note que, apesar de a corrente harmônica estar localizada nesta barra, o efeito da propagação harmônica ao longo do sistema poderá ser analisado através de um FPH. É comum haver surpresas em relação à forma que as distorções podem aparecer além das barras próximas à 6, havendo amplificação de distorções de tensão em pontos em que bancos de capacitores são instalados, principalmente.

É importante notar que, apesar da distância entre a barra 6 e a barra 5, o efeito da corrente injetada na primeira pode resultar em um aumento de THD nessa última, sendo possível verificar tal situação corretamente apenas por meio de estudos de propagação e penetração harmônica conduzidas por um FPH.

5.5.1 VARREDURA NA FREQUÊNCIA

A varredura na frequência consiste em calcular a impedância equivalente de Thevenin Z_{kk}^{h} em uma barra específica da rede elétrica para cada ordem harmônica *h*. Dessa forma, tanto seu módulo quanto a fase no PAC são obtidos no domínio da frequência.

Na Figura 5.9, tem-se o valor da magnitude da impedância equivalente vista em relação à barra 6 do sistema apresentado na Figura 5.7, como exemplo.

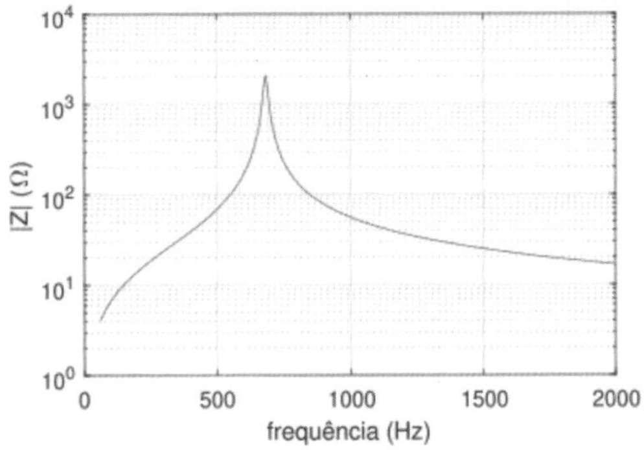

Figura 5.9 – Impedância harmônica obtida por varredura na frequência.

Note-se que é possível identificar a frequência de ressonância em 660 Hz, correspondente à décima primeira ordem harmônica. Qualquer corrente I_k^h que excite o sistema nesta determinada ordem harmônica *h* resultará em um valor exacerbado de tensão V_k^h nesta frequência específica, devido ao equacionamento apresentado:

$$V_k^h = Z_{kk}^h . I_k^h$$

O software desenvolvido pelo Cepel, denominado HarmZs, efetua tais cálculos a partir de modelagem de redes elétricas no domínio da frequência, informando os valores de impedância harmônica em cada barra e as tensões resultantes de uma injeção harmônica qualquer inserida na rede.

5.5.2 MODELAGEM DE REDES PARA ANÁLISE HARMÔNICA

A fim de se realizar estudos acerca da propagação e penetração de harmônicas em sistemas elétricos de potência, é de fundamental importância que haja entendimento sobre a modelagem dos equipamentos principais que os compõem, como linhas de transmissão/distribuição, unidades de geração, máquinas síncronas, cargas lineares e não lineares.

Esta seção tem o propósito de fornecer um resumo básico acerca dos principais modelos utilizados para representar elementos de SEPs de maneira adequada segundo o tutorial [53] da Power Energy Society (PES) atualizado em 2003 e o tutorial [54] destino à modelagem de sistemas elétricos para análise harmônica organizado pelo Conselho Internacional de Grandes Sistemas Elétricos (Cigre, na sigla em francês) em 2019.

5.5.2.1 Linhas de Transmissão/Distribuição

As linhas de transmissão, na frequência fundamental, são comumente representadas a partir de seções PI a elementos concentrados para o cálculo do fluxo de potência. Entretanto, no caso de linhas longas, correções hiperbólicas podem ser utilizadas para compensar o efeito da distância nos parâmetros de impedância delas. No caso da representação de linhas e cabos para análise harmônica, o efeito da distância se torna mais relevante, podendo ser incluído nas análises a fim de se considerar o modelo de seções PI equivalentes corrigidas por equações hiperbólicas.

Na Figura 5.10, tem-se o modelo representativo de uma seção PI trifásica a parâmetros concentrados de uma linha de transmissão.

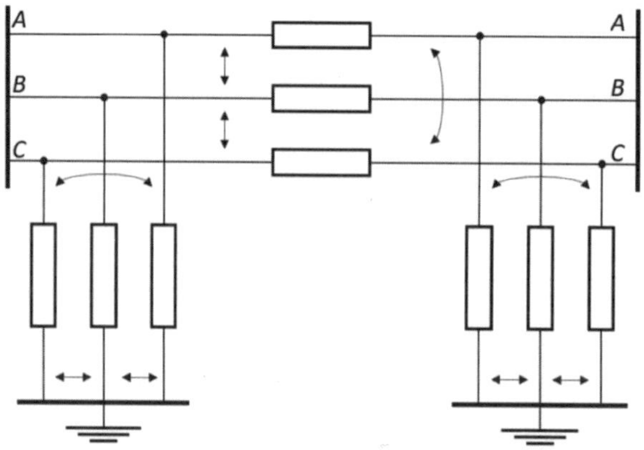

Figura 5.10 – Seção PI de uma linha de transmissão.

Para sistemas equilibrados, pode-se considerar um monofásico equivalente. Os valores de impedâncias longitudinais e *shunt* são conhecidos, sendo seus valores dados em ohms/km e ohms^{-1}/km, respectivamente, e denotados por z_b^h e y_b^h, respectivamente.

O valor de z_b é determinado a partir da resistência r_b^h e reatância x_b^h por unidade de comprimento da linha:

$$z_b^h = r_b^h + j\,x_b^h$$

O valor da resistência será considerado como invariante com a frequência harmônica. A reatância é calculada a partir da indutância l_b, da ordem harmônica h e $\omega_o = 2\pi f_1$.

$$z_b^h = r_b^h + j\,x_b^h = r_b + j\left(h\omega_o l_b\right)$$

Os valores da admitância shunt y_b são determinados a partir dos valores de condutância e susceptâncias shunt por unidade de comprimento, denotadas por g_b^h e b_b^h, respectivamente. Como, na prática, o valor da condutância é negligenciado, tem-se a seguinte expressão, em que c_b é a capacitância:

$$y_b^h = g_b^h + j\,b_b^h = r_b + j\left(h\omega_o c_b\right)$$

Sabendo-se o comprimento em quilômetros da linha, denotado por *d*, é possível calcular que os parâmetros nominais respectivos para uma linha média em Ohms e Ohms^{-1} são:

$$Z_{b,nom} = z_b^h.d$$

$$Y_{b,nom} = y_b^h.d$$

A fim de considerar as correções hiperbólicas, pode-se determinar os valores de impedância e admitância do modelo PI equivalente a parâmetros distribuídos a partir das seguintes equações:

$$Z_{b,eq} = Z_{b,nom}.\frac{senh\left(\sqrt{Z_{b,nom}.Y_{b,nom}}\right)}{\sqrt{Z_{b,nom}.Y_{b,nom}}}$$

$$Y_{b,eq} = 2Y_{b,nom}.\frac{tgh\left(0,5\sqrt{Z_{b,nom}.Y_{b,nom}}\right)}{\sqrt{Z_{b,nom}.Y_{b,nom}}}$$

Vale a ressalva de que, devido ao efeito pelicular, os valores de resistência de linhas de transmissão/distribuição podem ser obtidos em função da ordem harmônica caso tais parâmetros sejam informados pelos fabricantes dos cabos e linhas. No *software HarmZs*, tem-se uma estimativa possível para calcular parâmetros que afetem os valores em questão, segundo a equação em que $R_{b,nom}^1$ é o valor nominal na frequência fundamental, e os parâmetros A, B, C, *alfa e beta* são escolhidos pelo usuário em função de dados do fabricante ou informações catalogadas dos cabos.

$$R_{b,nom}^h = R_{b,nom}^1.\left[A.(h)^{alfa} + B.h^{beta} + C\right]$$

5.5.2.2 Unidades de geração

As unidades geradoras, representadas por injeções de potência ativa e reativa nas barras de geração respectivas, são assim modeladas na frequência fundamental. Nas demais ordens harmônicas, elas podem oferecer caminho à terra quando o gerador é solidamente aterrado ou quando uma barra infinita é modelada no caso da barra de referência do sistema.

Para as barras de geração com impedâncias relativas às máquinas, seus parâmetros de impedância sofrem modificação conforme a equação a seguir, em que os parâmetros de resistência e reatância subsíncrona do gerador são explicitadas por, respectivamente, r_g e x''_g:

$$z_g = \sqrt{h}.r_g + j\ .h.x_g''$$

5.5.2.3 Cargas não lineares

As cargas não lineares podem ser modeladas a partir de fontes de tensão para representar distorções preexistentes. Entretanto, o modelo mais comumente adotado nas simulações computacionais é o da injeção constante de corrente harmônica, calculada a partir do espectro da carga não linear.

Seja o seguinte espectro harmônico típico de uma carga não linear, conforme estabelecido na Tabela 5.4.

Tabela 5.4 – Espectro harmônico ilustrativo

Ordem harmônica	Frequência (Hz)	Magnitude (%)	Fase (graus)
1	60	100	0
5	180	18,25	-55,68
7	300	10,00	-84,11

Suponha que a carga não linear será conectada em uma barra da rede cuja demanda ativa é P_k^1= 100 kVA e a reativa é Q_k^1 = 20 kVA. A tensão de linha eficaz é 25 kV, e a de linha é, portanto, V_k^1= 14,43 kV. A partir da informação de tensão e demanda da barra, é possível calcular a corrente drenada I_k^1 no ponto de acoplamento, sendo igual a 2,35 *A* com ângulo de fase δ_k^1 igual a -11,31 graus.

Com o objetivo de calcular as correntes harmônicas a serem injetadas no sistema em *A*, a partir da Tabela 5.4, as seguintes equações devem ser utilizadas, em que o valor da corrente harmônica de ordem h será igual ao valor da corrente fundamental I_k^1 vezes a relação entre o valor percentual informado na tabela do espectro harmônico da corrente naquele ordem $I_{k,espectro}^h$ e o valor da fundamental, frequentemente adotado como $I_{k,espectro}^h$= 100%.

$$I_k^h = I_k^1 \cdot \left(\frac{I_{k,espectro}^h}{I_{k,espectro}^1} \right)$$

O ângulo de fase de cada corrente harmônica será dado a partir da equação a seguir, sendo $\delta_{k,espectro}^h$ e $\delta_{k,espectro}^1$ os valores dos ângulos informados no espectro da carga:

$$\delta_k^h = \delta_{k,espectro}^h - h(\delta_k^1 - \delta_{k,espectro}^1)$$

Para o caso de estudo em análise, tem-se, a partir da aplicação das equações, a Tabela 5.5, que contém o sumário dos resultados informando os valores de correntes injetadas nas ordens harmônicas 5 e 7 e seus ângulos de defasagem.

Tabela 5.5 – Espectro harmônico ilustrativo

Ordem harmônica	Frequência (Hz)	Magnitude (A)	Fase (graus)
1	60	2,35	-11,31
5	180	0,43	-112,23
7	300	0,24	-163,28

Percebe-se que, neste exemplo ilustrativo, é preciso determinar a corrente na frequência fundamental em Ampères para, em seguida, calcular as correntes harmônicas injetadas no sistema. Quando o objetivo for efetuar análises sistêmicas, primeiramente executar-se-á o fluxo de potência tradicional para a frequência fundamental, obtendo-se os valores de grandezas elétricas em pu. Posteriormente, será possível calcular as injeções de correntes harmônicas a partir do espectro típico de cargas não lineares, também em pu.

5.5.2.4 Cargas lineares

As cargas lineares, na frequência fundamental, podem ser modeladas como potências demandadas constantes, como é feito tradicionalmente. Entretanto, modelos mais completos como o exponencial ou ZIP podem ser utilizados para cômputo do estado operativo na frequência fundamental [53].

No caso da modelagem a partir do modelo ZIP, a potência ativa P_k^1 pode ser determinada a partir da equação a seguir, em que V_k^{ref} e P_k^{ref} são, respectivamente, os valores de referência nominais das tensões e potências ativas, respectivamente. Os fatores α_k,β_k e γ_k representam os valores percentuais correspondentes às parcelas da potência que variam quadraticamente com a tensão, de modo linear e independente da tensão, respectivamente. A equação $\alpha_k+\beta_k+\gamma_k=1$ deve ser satisfeita, de tal forma que resulte em 100% do valor da carga sob análise ao somar os montantes relativos à impedância, corrente e potência constantes, respectivamente.

$$P_k^1 = P_k^{ref}\left[\alpha_k\left(\frac{V_k^1}{V_k^{ref}}\right)^2 + \beta_k\left(\frac{V_k^1}{V_k^{ref}}\right) + \gamma_k\right]$$

De forma análoga, as potências reativas calculadas para cada barra k do sistema podem ser determinadas pela seguinte equação no modelo ZIP:

$$Q_k^1 = Q_k^{ref}\left[\alpha_k\left(\frac{V_k^1}{V_k^{ref}}\right)^2 + \beta_k\left(\frac{V_k^1}{V_k^{ref}}\right) + \gamma_k\right]$$

Sabendo-se os valores de P_k^1, Q_k^1 e V_k^1 calculados para a frequência fundamental, por exemplo, a partir de um fluxo de potência, é possível modelar as cargas lineares nas demais frequências, sendo elas derivadas em elementos de impedância passivos calculados em função das grandezas fundamentais.

A modelagem de carga linear nos SEPs para análise harmônica representa um grande desafio, pois, dependendo do modelo adotado, pode-se atenuar mais ou menos certas ordens harmônicas, afetando demasiadamente a resposta da rede no domínio da frequência. Pode-se derivar, a partir dos valores de demanda e tensão nodais, os valores em resistências e reatâncias conectadas em série ou paralelo, ou utilizar um modelo misto dos dois. O modelo série, uma vez que resulta em uma maior impedância equivalente, limita muito a absorção de correntes harmônicas pelas barras de carga. Entretanto, o modelo paralelo oferece uma menor impedância, proporcionando um caminho possível para a passagem de corrente da rede de média tensão em direção para a baixa, por exemplo.

É notório nos casos de simulação harmônica que as correntes injetadas por fontes harmônicas passam pelas linhas de distribuição e seguem o caminho de menor impedância, o qual, neste caso, é o caminho até a subestação. Entretanto, se houver barras de carga entre a fonte harmônica e a subestação, a propagação de harmônicas pelo sistema será atenuado, sendo que parte das correntes que iriam fluir todas para a subestação serão absorvidas pelas cargas no meio do alimentador. A este fenômeno dá-se o nome de *damping effect* ou efeito de atenuação em tradução livre da expressão inglesa.

No modelo em série, representado na Figura 5.11, os valores de resistência e reatância são estipulados a partir das seguintes equações:

$$r_k^h = \frac{P_k^1.\left(V_k^1\right)^2}{(P_k^1)^2 + (Q_k^1)^2}$$

$$x_k^h = h\frac{Q_k^1.\left(V_k^1\right)^2}{(P_k^1)^2 + (Q_k^1)^2}$$

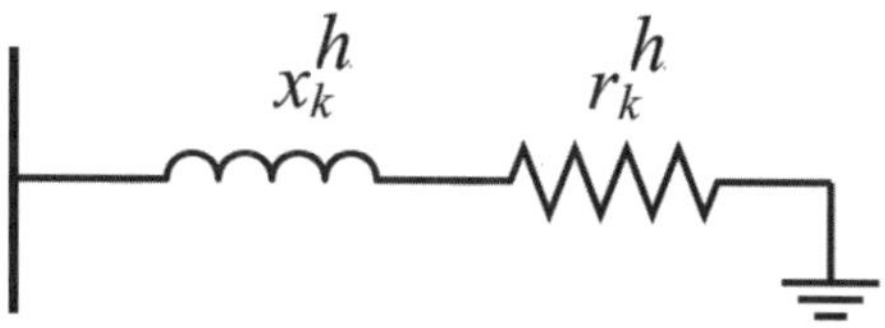

Figura 5.11 – Modelo em série.

No modelo em paralelo, representado na Figura 5.12, os valores de resistência e reatância são estipulados a partir das seguintes equações:

$$r_k^h = \frac{\left(V_k^1\right)^2}{P_k^1}$$

$$x_k^h = h\frac{\left(V_k^1\right)^2}{Q_k^1}$$

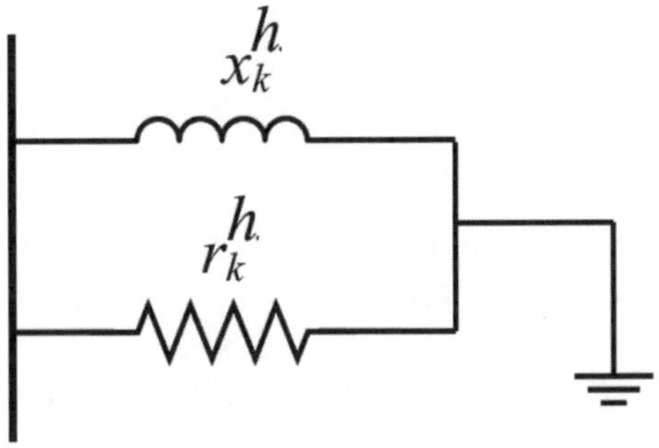

Figura 5.12 – Modelo em paralelo.

No modelo Cigre, representado na Figura 5.13, os valores de resistência e reatância são estipulados a partir das seguintes equações, em que M representa a parcela da carga destinada a atender motores de indução, muito comuns em instalações industriais em sistemas de distribuição:

$$r_k^h = \frac{\left(V_k^1\right)^2}{P_k^1\left(1-M\right)}$$

$$x_k^h = 0,073 r_k^h$$

$$x_{k,m}^h = h\frac{\left(V_k^1\right)^2}{M.P_k^1\left(6,7.tg\left(Q_k^1 / P_k^1\right)-0,74\right)}$$

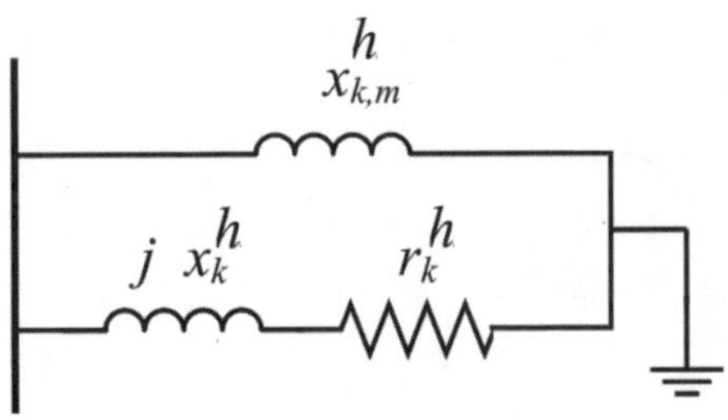

Figura 5.13 – Modelo Cigre.

5.5.3 FLUXO DE POTÊNCIA HARMÔNICO

A forma tradicional de se efetuar uma análise sistêmica em SEPs é pelo uso de ferramentas analíticas que permitam avaliar a propagação e penetração de harmônicas no sistema sob análise. Tais metodologias são destinadas ao cômputo do fluxo de potência harmônico (FPH).

O método direto para FPH é baseado na premissa de que cada ordem harmônica pode ser avaliada individualmente por efeito de superposição de efeitos. Dessa forma, é possível calcular a matriz admitância nodal $[Y^h]$ para cada ordem harmônica de interesse.

Uma vez conhecidas as magnitudes e fases de correntes a serem injetadas em determinadas barras do sistema a fim de simular a introdução de fontes harmônicas, é possível calcular as tensões resultantes, através da seguinte equação básica:

$$\mathbf{V^h} = \left[\mathbf{Y^h}\right]^{-1} \mathbf{I^h}$$

em que $\mathbf{V^h}$ e $\mathbf{I^h}$ são os vetores colunas contendo as tensões e correntes fasoriais em cada barra do sistema, respectivamente. Matricialmente, tem-se para um sistema de 3 barras, por exemplo, a seguinte formação determinada para uma ordem harmônica *h*:

$$\begin{bmatrix} V_1^h \\ V_2^h \\ V_3^h \end{bmatrix} = \begin{bmatrix} Y_{11}^h & Y_{12}^h & Y_{13}^h \\ Y_{21}^h & Y_{22}^h & Y_{23}^h \\ Y_{31}^h & Y_{32}^h & Y_{33}^h \end{bmatrix}^{-1} \begin{bmatrix} I_1^h \\ I_2^h \\ I_3^h \end{bmatrix}$$

Supondo que haja uma fonte harmônica no sistema genérico localizada na barra 3, no método direto, todas as correntes serão consideradas nulas exceto aquela referente à barra 3. Sabendo-se os valores dos elementos formantes da matriz de admitância nodal harmônica, a solução fornece as tensões em cada barra da rede.

É comum atribuir ao elemento diagonal referente à barra de referência angular (a subestação, por exemplo, em um sistema de distribuição) um valor alto, comumente chamado *big number*, objetivando eliminar as equações referentes à barra de referência, fixando-a automaticamente no valor nulo. Tal procedimento pode ser adotado se a barra de referência for modelada como barra infinita e não contiver tensões harmônicas residuais preexistentes, como no caso da existência de *background distortion*.

O problema desta metodologia é a fragilidade em representar a absorção de correntes harmônicas pelas demais barras do sistema. Ao assumir que todas as correntes são iguais a zero, exceto naquela em que há fonte harmônica, é impossível realizar seu cálculo posteriormente.

Por isso, o método da compensação de correntes foi desenvolvido, a fim de permitir computar as grandezas elétricas de maneira apropriada em SEPs com cargas não lineares, conforme o fluxograma a seguir:

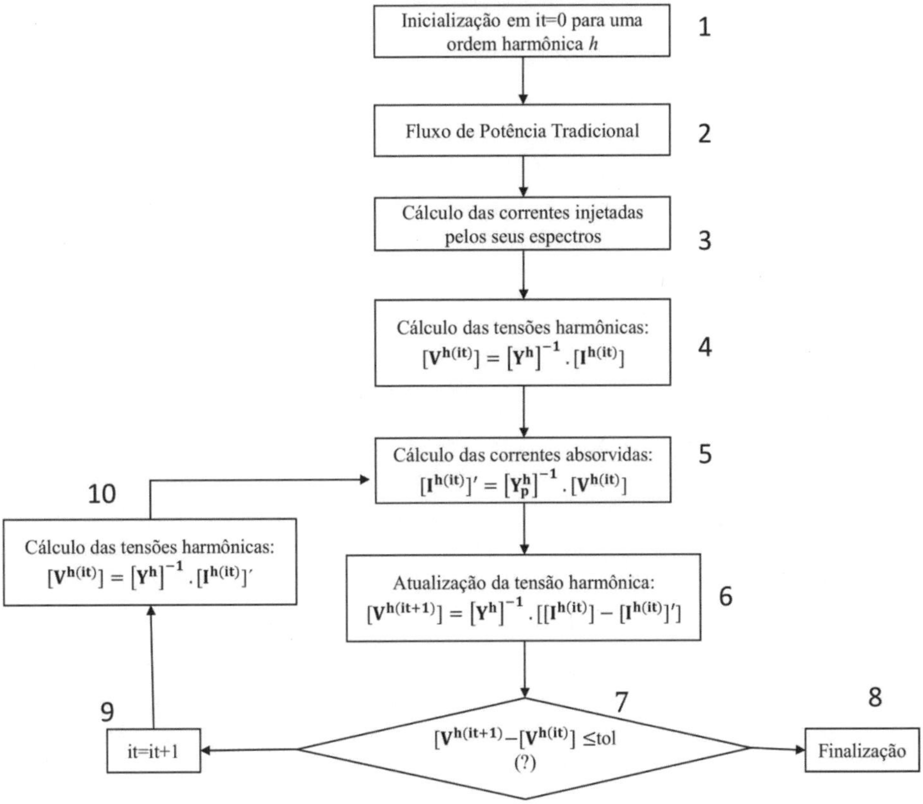

Figura 5.14 – Fluxograma do método da compensação das correntes.

- *Bloco-1*: nesta etapa do processo, a inicialização se dá por meio do contador de iterações it=0. Deve-se determinar também qual ordem harmônica *h* será analisada.

- *Bloco-2*: este bloco indica a execução do programa do fluxo de potência, calculado via Newton-Raphson, para a frequência fundamental. O objetivo é determinar as variáveis de estados compostas pelas magnitudes de tensão (V^1) e ângulos (θ^1) de todas as barras do sistema.

- *Bloco-3*: esta etapa é dedicada à obtenção de correntes harmônicas injetadas calculadas a partir do espectro das cargas não lineares. Nos espectros de cargas típicas, ou cargas agregadas (resposta do somatório de várias cargas não lineares em conjunto associadas a um barramento do sistema e/ou centro de carga), as magnitudes e fases de correntes são dadas em valores percentuais e defasagens em relação à fundamental.

- *Bloco-4*: nesta etapa, calculam-se as tensões harmônicas nodais [V^h] para a primeira iteração, com a matriz de admitância nodal considerando as admitâncias de elementos do sistema, incluindo as das cargas lineares [Y^h] e a corrente injetada pelas fontes harmônicas [I^h].

- *Bloco-5*: realiza-se o cálculo da corrente absorvida pelas cargas lineares $[I_t^h]'$considerando a matriz de admitância nodal formada apenas pelas admitâncias das cargas lineares, denominada $[Y_p^h]$, a qual é diagonal por definição.

- *Bloco-6*: nesta etapa, calculam-se as tensões harmônicas com a diferença das correntes injetada em uma barra com fonte harmônica $[I_t^h]$ e absorvida pelas cargas lineares $[I_t^h]'$.

- *Bloco-7*: neste bloco, é realizada a verificação de convergência: se o resíduo entre as tensões harmônicas de iteração *it+1* e *it* for menor que a tolerância adotada, por exemplo, 10^{-6}, o processo finaliza conforme indicado no Bloco-8. Caso contrário, o processo conta mais uma iteração no Bloco-9.

- *Bloco-10*: realiza-se um novo cálculo para as tensões harmônicas, considerando a corrente absorvida pelas cargas lineares, e retorna-se ao Bloco-5.

O problema matricial pode ser resolvido sucessivamente para cada ordem harmônica ou através do uso de técnicas de processamento paralelo em que, por meio da divisão da tarefa de se estimar várias ordens harmônicas, pode-se realizar com o uso de vários núcleos de processamento de um computador o que permite calcular as tensões para várias ordens harmônicas concomitantemente em um centro de controle, por exemplo.

Além disso, pode-se desenvolver métodos nos quais as variáveis a serem calculadas possam ser processadas em um único vetor contendo todas as tensões em todas as ordens harmônicas. Tal fato permite estabelecer o cômputo da interação entre várias harmônicas de ordens diferentes e exige a determinação das matrizes admitâncias correspondentes, o que exige maior esforço computacional.

5.6 EXEMPLO ILUSTRATIVO

Neste exemplo, um sistema tutorial de 5 barras será utilizado, seu diagrama unifilar é representado na Figura 5.15, sendo seus valores de tensão, frequência e potência base iguais a 13,8 kV, 60 Hz e 100 kVA. Uma fonte harmônica (FH-1) é inserida na barra 4, sendo ela modelada como corrente constante a partir de um espectro típico a ser definido posteriormente neste caso de estudo.

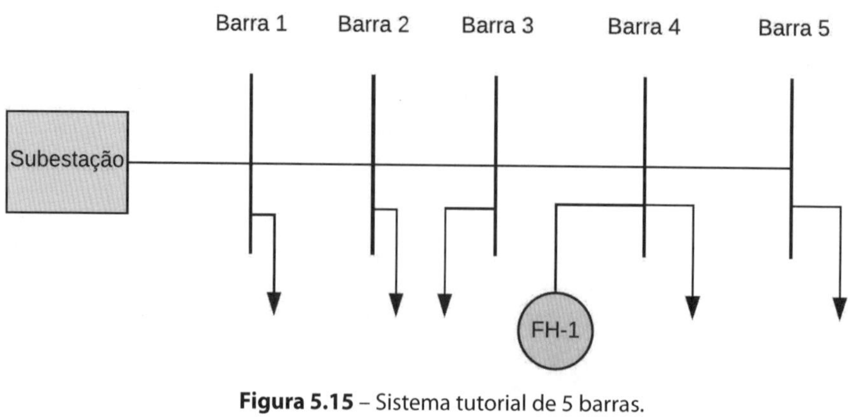

Figura 5.15 – Sistema tutorial de 5 barras.

Para a aplicação do método da compensação das correntes, é necessário conhecer, primeiramente, o estado operativo do sistema na frequência fundamental. A subestação é representada como uma barra infinita, adotada como referência angular, e as potências ativas e reativas demandadas das quatro barras de carga são todas iguais a 20 kW e 10 kW, respectivamente.

Os dados de barra e de linha são dados nas Tabelas 5.6 e 5.7.

Tabela 5.6 – Dados de barra do sistema tutorial de 5 barras

Barra (*k*)	V_k(pu)	θ_k(o)	$P_{g,k}$(pu)	$Q_{g,k}$(pu)	$P_{d,k}$(pu)	$Q_{d,k}$(pu)
1	1,00	0,00	–	–	–	–
2	–	–	–	–	-0,2	-0,1
3	–	–	–	–	-0,2	-0,1
4	–	–	–	–	-0,2	-0,1
5	–	–	–	–		

Tabela 5.7 – Dados de linha do sistema tutorial de 5 barras

De (*k*)	Para(*m)*	*R*(*pu*)	*X*(*pu*)	B/2 (pu)
1	2	0,020	0,010	–
2	3	0,020	0,010	–
3	4	0,020	0,010	
4	5	0,020	0,010	–

Os resultados do fluxo de potência, resolvido via Anarede por Newton-Raphson, são mostrados na Tabela 5.8, após convergência em 3 iterações com tolerância de 10^{-5}.

Tabela 5.8 – Resultado do fluxo de potência para o sistema tutorial

Barra (*k*)	V_k(pu)	θ_k(o)	P_k(pu)	Q_k(pu)
1	1,0000	0,0000	0,86	0,49
2	0,9594	-1,91	-0,20	-0,10
3	0,9290	-3,45	-0,20	-0,10
4	0,9088	-4,54	-0,20	-0,10
5	0,8988	-5,10	-0,20	-0,10

Note que, como o sistema possui topologia radial, a tensão nas barras diminui ao longo do alimentador desde a subestação até a última barra do sistema, a qual apresenta valor de 0,8988 pu de tensão na frequência fundamental nesta condição de carga especificada.

Para a frequência fundamental, mostra-se a formação da matriz admitância nodal do sistema a seguir:

$$[\mathbf{Y}^1] = \begin{bmatrix} 6{,}89 & -6{,}89 & 0 & 0 & 0 \\ -6{,}89 & 13{,}79 & -6{,}89 & 0 & 0 \\ 0 & -6{,}89 & 13{,}79 & -6{,}89 & 0 \\ 0 & 0 & -6{,}89 & 13{,}79 & -6{,}89 \\ 0 & 0 & 0 & -6{,}89 & 6{,}89 \end{bmatrix} - j \begin{bmatrix} 17{,}24 & -17{,}24 & 0 & 0 & 0 \\ -17{,}24 & 34{,}48 & -17{,}24 & 0 & 0 \\ 0 & -17{,}24 & 34{,}48 & -17{,}24 & 0 \\ 0 & 0 & -17{,}24 & 34{,}48 & -17{,}24 \\ 0 & 0 & 0 & -17{,}24 & 17{,}24 \end{bmatrix}$$

Para calcular o fluxo de potência em qualquer ordem harmônica diferente da fundamental, é necessário saber como dado de entrada a composição espectral da carga não linear agregada na barra 4. Para fins de simulação, esta será definida como na Tabela 5.9.

Tabela 5.9 – Espectro harmônico da carga não linear agregada na barra 4

Ordem harmônica	Frequência (Hz)	Magnitude (%)	Fase (graus)
1	60	100	0
3	180	20	-260
5	300	15	-265
7	420	10	-320

A partir do espectro harmônico da carga e das informações calculadas pelo fluxo de potência na frequência fundamental, é possível determinar os valores de corrente injetada na barra 4 para cada ordem harmônica, após o cômputo da corrente drenada na barra para a frequência fundamental:

$$\dot{I}_4^1 = \left(\frac{P_4^1 + jQ_4^1}{V_4^1} \right)^* = \left(\frac{0,20 + j0,10}{0,9060 - 0,0719} \right)^* = -0,2107 + j0,1271$$

Neste caso, a magnitude da corrente demandada é 0,2460 pu e o ângulo é 148,89. A partir dessa informação, pode-se calcular as correntes injetadas em cada ordem harmônica, conforme estabelecido na Tabela 5.10.

Tabela 5.10 – Espectro harmônica da carga não linear agregada na barra 4

Ordem harmônica	Frequência (Hz)	Magnitude (pu)	Fase (graus)
1	60	0,2460	148,89
3	180	0,0492	-178,32
5	300	0,0369	124,47
7	420	0,0246	2,2613

Neste caso de estudo, iremos começar a executar o fluxo de potência para a terceira ordem harmônica, $h = 3$, primeiramente.

O próximo passo é determinar a matriz de impedância da rede a partir de algumas considerações. Inicialmente, será considerado um big *number* associado ao primeiro elemento da diagonal da matriz admitância a fim de fixar os valores de tensão harmônica e ângulo em zero na subestação, adotada como a barra de número 1 neste caso de estudo.

Para se determinar a matriz de impedância do sistema para a terceira ordem harmônica, deve-se considerar qual modelagem de carga linear será adotada. Neste caso de estudo, será utilizado o modelo impedância constante em paralelo, o que leva o circuito equivalente do sistema a ter configuração conforme a Figura 5.16, a seguir:

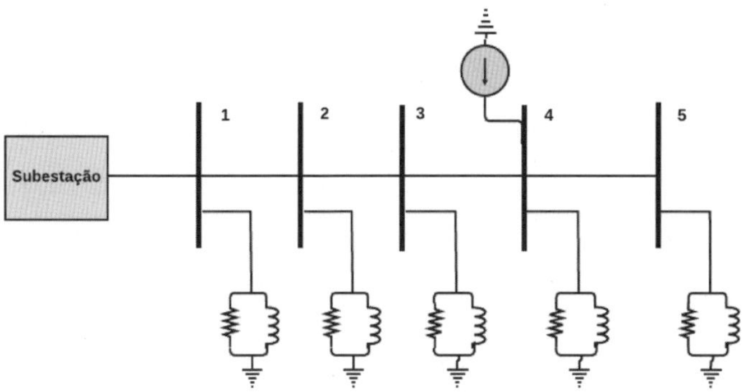

Figura 5.16 – Circuito equivalente do sistema de 5 barras.

Para se calcular os valores de resistência e reatância associados às impedâncias da carga na barra 5, por exemplo, serão utilizadas as equações a seguir para a terceira ordem harmônica:

$$r_5^3 = \frac{\left(V_5^1\right)^2}{P_5^1} = \frac{0,8988^2}{0,20} = 4,04\,pu$$

$$x_5^3 = h\frac{\left(V_5^1\right)^2}{Q_5^1} = 3\frac{0,8988^2}{0,10} = 24,23\,pu$$

Tal procedimento deve ser feito para todas as barras de carga do sistema, resultado na matriz composta apenas pelos valores de admitâncias referentes às cargas lineares derivadas em elemento passivos R-L paralelo:

$$[\mathbf{Y}_p^3] = \begin{bmatrix} 0,8357 & 0 & 0 & 0 & 0 \\ 0 & 0,2173 & 0 & 0 & 0 \\ 0 & 0 & 0,2317 & 0 & 0 \\ 0 & 0 & 0 & 0,2421 & 0 \\ 0 & 0 & 0 & 0 & 0,2427 \end{bmatrix} - j\begin{bmatrix} 0,1631 & 0 & 0 & 0 & 0 \\ 0 & 0,0362 & 0 & 0 & 0 \\ 0 & 0 & 0,0386 & 0 & 0 \\ 0 & 0 & 0 & 0,0404 & 0 \\ 0 & 0 & 0 & 0 & 0,0413 \end{bmatrix}$$

A matriz admitância nodal composta por elementos adicionais como geradores, linhas de distribuição e banco de capacitores será determinada pela matriz a seguir:

$$[\mathbf{Y}^3]'' = \begin{bmatrix} \mathbf{10^{10}} & -0,87 & 0 & 0 & 0 \\ -0,87 & 1,74 & -0,87 & 0 & 0 \\ 0 & -6,89 & 1,74 & -0,87 & 0 \\ 0 & 0 & -0,87 & 1,74 & -0,87 \\ 0 & 0 & 0 & -0,87 & 0,87 \end{bmatrix} - j\begin{bmatrix} \mathbf{10^{10}} & -6,55 & 0 & 0 & 0 \\ -6,55 & 13,10 & -6,55 & 0 & 0 \\ 0 & -6,55 & 13,10 & -6,55 & 0 \\ 0 & 0 & -6,55 & 13,10 & -6,55 \\ 0 & 0 & 0 & -6,55 & 6,25 \end{bmatrix}$$

A matriz admitância total de terceira ordem será composta pelo somatório de $[Y^3]''$ com $[\mathbf{Y}_p^3]$.

$$[Y^3] = [Y^3]'' + [\mathbf{Y}_p^3]$$

Uma vez conhecidas as correntes injetadas e impedâncias do sistema, é possível efetuar a aplicação do método descrito pelo fluxograma da Figura 5.13. A resposta do fluxo de potência é dada conforme a Tabela 5.11.

Tabela 5.11 – Resultados do fluxo de potência para a terceira ordem harmônica

Barra (*k*)	V_k^3(pu)	θ_k^3(o)	I_k^3(pu)	δ_k^3(o)	P_k^3 (x1000)	Q_k^3(x1000))
1	0,0000	152,75	0,0000	-38,29	0,0000	0,0000
2	0,0056	-124,85	0,0012	45,69	-0,0067	-0,0011
3	0,0113	-123,04	0,0026	47,49	-0,0294	-0,0049
4	0,0172	-119,90	0,0465	177,76	0,3718	0,7093
5	0,0168	-123,97	0,0042	46,57	-0,0698	-0,0116

É importante salientar que as respostas conferem fielmente com os resultados obtidos na execução do programa desenvolvido pelo Cepel destinado à analise harmônica, o HarmZs. Além disso, note que os valores de potências harmônica são calculados em pu, mas, devido à sua magnitude reduzida, os valores são multiplicados por 0,001.

É interessante também notar que valores positivos de potências harmônicas são calculados para a barra 4, em que a fonte harmônica está inserida. Em contrapartida, todos os outros valores são negativos, sendo absorvidos pelas cargas lineares que foram derivadas em elementos passivos.

Outro fato curioso é o valor da corrente líquida na barra 4 valorado em 0,0465 pu. Note que, anteriormente, o valor da corrente injetada foi de 0,0492 pu. O método da compensação das correntes permite que seja estipulado que o valor da corrente absorvida pela carga linear da barra 4 seria 0,0027 pu.

Na Tabela 5.12, são mostrados os resultados de tensões para a terceira, quinta e sétima ordens harmônicas. Note-se que não há uma linearidade entre o aumento das magnitudes entre as frequências harmônicas, dependendo da resposta da rede no domínio da frequência a qual é obtida pela execução do FPH. É comum haver expressivos aumentos de magnitude de tensão nas ordens harmônicas referentes às frequências de ressonância do sistema, a qual, neste caso, seria mais evidente a princípio próximo à quinta ordem harmônica.

Tabela 5.12 – Resultados para as tensões harmônicas

Barra (*k*)	V_k^3(pu)	V_k^5(o)	V_k^7(pu)
1	0,0000	0,0000	0,0000
2	0,0056	0,0059	0,0047
3	0,0113	0,0120	0,0094
4	0,0172	0,0184	0,0145
5	0,0168	0,0178	0,0140

É possível calcular os índices de distorção harmônica individual de tensão, sabendo-se os valores de tensão em cada ordem harmônica e seus valores correspondentes na frequência fundamental. Por exemplo, tomando como exemplo a barra 4, tem-se que o THD de tensão seria calculado por:

$$THD_v = \frac{\sqrt{0,0172^2 + 0,0184^2 + 0,0145^2}}{0,9088} = 3,1979\ \%$$

Além disso, pode-se calcular o índice SLQI através da expressão a seguir, para a barra 4, resultando em um valor maior que 1 por possuir uma fonte harmônica.

$$SLQI = \frac{P_1 + P_H}{P_1} = 1,0029$$

Se o índice for calculado para a barra 5, por exemplo, o resultado seria 0,9998, atestando que essa barra apenas absorve correntes harmônicas da rede.

Note que, apesar de ser possível calcular as potências harmônicas em qualquer ordem, seu valor é extremamente menor em relação às grandezas correspondentes em 60 Hz, sendo elas comumente menores que 3% em relação à frequência fundamental.

5.7 ESTIMAÇÃO DE ESTADOS HARMÔNICOS

Primeiramente proposta por Heydt em 1989, a estimação de estados harmônicos (EEH) é baseada nas mesmas premissas adotadas para a EE na frequência fundamental [40]. Entretanto, necessita de aperfeiçoamentos e generalizações para conceber a ferramenta à luz dos MQP considerando cargas não lineares conectadas aos SEPs, além de modelagens apropriadas para análise e simulação harmônica. Além disso, são priorizados medidores mais caros em relação aos convencionais, sendo de extrema importância que a medição fasorial de componentes harmônicas seja obtida por meio de uma infraestrutura avançada de medição.

A partir da alocação de medidores estrategicamente alocados nas redes elétricas monitoradas e a obtenção da matriz de admitância nodal estipulada para cada ordem harmônica individualmente, é possível conceber o algoritmo computacional que determina os estados harmônicos de uma rede, caracterizados como as tensões fasoriais em todas as barras, primordialmente.

A estimação de estados harmônicos permite melhor monitoramento da qualidade de energia em um sistema elétrico de potência valendo-se do uso de um número mínimo de medidores instalados em campo e modelagens matemáticas que permitem análise harmônica. Entretanto, deve-se ressaltar uma diferença fundamental entre a ferramenta de estimação e o FPH. A EE harmônicos é uma ferramenta sintética que permite estimar componentes harmônicas em uma rede elétrica a partir da coleta de medições, não necessitando de informações acerca da modelagem de cargas lineares e não lineares. Já a o fluxo de potência é uma ferramenta analítica que necessita de informações e modelos precisos para se efetuar avaliações acerca da penetração e propagação de correntes harmônicas pelo sistema [52].

Em relação aos tipos de medição possíveis que podem ser utilizados neste processo, destacam-se os qualímetros tradicionais, que, a partir da aplicação da análise de Fourier, conseguem extrair as componentes múltiplas da frequência fundamental determinando suas magnitudes e ângulos. Além disso, já existem no mercado *smart meters* capazes de mensurar distorção harmônica total e individual de tensão/corrente na baixa tensão, o que pode ser utilizado durante o processo de estimação de estados harmônicos [56]. Entretanto, vale a ressalva de que eles são mais caros em relação aos medidores tradicionais sem essa funcionalidade destinada ao monitoramento da qualidade de energia.

O uso de medição fasorial sincronizada pode ser aproveitado nesse sentido, uma vez que esses medidores possuem altas taxas de amostragens e extração de fasores por meio da análise de Fourier. As primeiras PMUs desenvolvidas pela Macrodyne possuíam a funcionalidade de extrair fasores harmônicos até a vigésima ordem harmônica e permitiam uma estimação satisfatória de tais componentes. Sua utilização neste âmbito de pesquisa foi validada pela implementação do sistema NYPA, destinado ao monitoramento de sincrofasores harmônicos usando medidores sincronizados via GPS, o qual foi estabelecido entre os anos de 1992 e 1998 [57, 58]. Os sensores localizados em pontos dispersos na rede monitorada são instalados em subestações nas quais computadores próximos são dedicados à tarefa de computar e extrair componentes harmônicas (magnitude e fase) em intervalos regulares de 15 minutos. Esses dados são enviados a um concentrador de dados fasoriais harmônicos a fim de serem processados adequadamente e, em seguida, serem enviados ao centro de controle para uso em algoritmos como estimação de estados e localização de fontes harmônicas dominantes no sistema [59].

A inovação em se monitorar parâmetros de qualidade de energia continuamente em SEPs foi tão grande que abriu espaço para inúmeras possibilidades, como o desenvolvimento de micro-PMUs capazes de efetuar análise harmônica em sistemas de média e baixa tensão, além da possibilidade de substituição das campanhas de medição por um sistema robusto e automatizado capaz de informar variações diárias de distorções harmônicas, tensão em regime permanente e monitoramento da frequência [60, 61].

A grande dificuldade na implementação de sistemas como o da NYPA é a calibração de medidores fasoriais harmônicos em tempo real, sendo que são múltiplas as origens de erros grosseiros que podem causar desvio sistemático em relação aos valores reais de medição [38]. Um dos maiores e mais dificultosos desafios é a obtenção da resposta em frequência de TCs e TPs instalados nos SEPs. Pode-se utilizar instrumentação *ad hoc* com especificações técnicas próprias para a mensuração de componentes harmônicas, entretanto, a modernização de todo o aparato de medição e infraestrutura já existente não é algo desejado devido ao custo associado à troca de equipamentos antigos que funcionam por novos dispositivos mais caros.

Outras fontes de erros são as classes de exatidão dos medidores, a imunidade deles a ruídos externos, desvios significativos de frequência em Hz, filtros *anti-aliasing*, conversão de sinais analógicos para digitais e processamento de dados que podem ser afetados por vazamento espectral, por exemplo.

A fim de contornar esses problemas, o sistema de monitoramento da NYPA investiu em um supercalibrador [57, 58], o qual permite estipular a resposta em frequência de transformadores de medição, compensar erros grosseiros por meio de curvas paramétricas e utilização de filtragem de dados espúrios pela implementação de filtros digitais. O desenvolvimento dessa ferramenta possibilitou e viabilizou que outros sistemas como esse pudessem ser implementados, trazendo a sofisticação e a inovação tecnológica necessárias para a transição de sistemas tradicionais para redes elétricas inteligentes.

5.7.1 MÍNIMOS QUADRADOS PONDERADOS

Como as medições extraídas dos medidores são fornecidas individualmente para cada ordem harmônica, o vetor de estados a serem estimados deve ser formado para cada ordem harmônica individualmente.

O vetor de variáveis de estados $\hat{x}^h$ é determinado para uma dada ordem harmônica h segundo a equação a seguir, em que V_k^h e θ_k^h são as magnitudes e ângulos de fase correspondentes a uma dada ordem harmônica sob análise e determinada barra do sistema k. O número total de estados a serem estimados, nesse caso, será igual a duas vezes o número de barras do sistema menos um, excluindo-se o ângulo da barra de referência.

$$\hat{\mathbf{x}}^h = [\theta_2^h, \theta_3^h, \theta_{N_b}^h, \ldots V_1^h, V_2^h, \ldots, V_{N_b}^2]^T$$

O vetor de medições z^h será formado por medições de tensões e correntes passantes pelos ramos conectados às unidades de medição fasorial, podendo ser expressos em coordenadas polares ou retangulares. A fim de compatibilizar com o vetor de estados, ele será formado em coordenadas polares:

$$\mathbf{z}^h = \left[V_k^h, \ldots, \theta_k^h, \ldots, I_{km}^h, \ldots, \delta_{km}^h, \ldots\right]^T$$

A função objetivo a ser minimizada, concebida à luz dos mínimos quadrados ponderados, é dada a seguir, sendo que ela será definida para cada ordem harmônica:

$$min\, J^h\left(\hat{\mathbf{x}}^h\right) = \frac{1}{2}\sum_{i=1}^{m}\left(\frac{z_i^h - \phi_i^h\left(\hat{\mathbf{x}}^h\right)}{\sigma_i^h}\right)^2 = \left[\mathbf{z}^\mathrm{h} - \phi^\mathrm{h}\left(\hat{\mathbf{x}}^h\right)\right]^T \mathbf{R}^{-1}\left[\mathbf{z}^\mathrm{h} - \phi^\mathrm{h}\left(\hat{\mathbf{x}}^h\right)\right]$$

A solução é obtida iterativamente via Gauss-Newton, conforme estabelecido nas equações:

$$\hat{\mathbf{x}}^{h,(it+1)} = \hat{\mathbf{x}}^{h,(it)} + \left[\mathbf{G}^\mathrm{h}\right]^{-1}.\left[\mathbf{H}^\mathrm{h}\right]^T.[\mathbf{R}^\mathrm{h}]^{-1}.\left[\mathbf{z}^\mathrm{h} - \phi^\mathrm{h}\hat{\mathbf{x}}^{h,(it)}\right]$$

$$\mathbf{G}^h = \left[\mathbf{H}^h\right]^T\left[\mathbf{R}^\mathrm{h}\right]^{-1}\left[\mathbf{H}^h\right]$$

A matriz de covariância diagonal é dada conforme a seguinte expressão, em que cada desvio padrão associado a uma certa ordem harmônica assume valores conforme a classe de exatidão do medidor capaz de fornecer tais dados.

$$\mathbf{R}^\mathrm{h} = \mathbf{diag}\{\sigma_1^h, \sigma_2^h, \ldots, \sigma_m^h\}$$

Para a formação da matriz jacobiana associada a cada ordem harmônica, é necessário estabelecer as derivadas das medições harmônicas em relação às variáveis correspondentes.

A única exigência ao se utilizar essa metodologia é que haja garantia de que o sistema a ser monitorado seja totalmente observável, isto é, que haja informações coletadas em número suficiente para permitir que todas as variáveis de interesse sejam calculadas de maneira satisfatória.

O problema em se garantir a observabilidade para a EEH é a pressuposição da alocação de diversos medidores na rede, os quais são associados a custos elevados. Através do uso das PMUs devido ao advento da tecnologia de sincrofasores, é possível aproveitar o posicionamento delas não somente para estimar o estado operativo na frequência fundamental como também estimar os estados harmônicos para cada ordem de interesse.

Em sistemas de distribuição, a metodologia em que se usam correntes ramais como variáveis de estados pode também ser adotada, em coordenadas retangulares, conforme estabelecido a partir da expressão a seguir:

$$\hat{\mathbf{x}}^{h} = \left[I_1^{r,h}, I_1^{m,h}, \ldots I_{N_l}^{r,h}, I_{N_l}^{m,h} \right]^T$$

O vetor de medições $\mathbf{z}^h$ será formado por medições de tensões e correntes passantes pelos ramos conectados às unidades de medição fasorial, formado em coordenadas retangulares:

$$\mathbf{z}^h = \left[V_k^{r,h}, \ldots, V_k^{m,h}, \ldots, I_{km}^{r,h}, \ldots, I_{km}^{m,h}, \ldots \right]^T$$

Para a formação da matriz jacobiana, usam-se as seguintes expressões, no caso de se considerar a formulação em coordenadas retangulares.

Derivadas de tensões em coordenadas retangulares em relação às variáveis de estados para uma ordem harmônica h:

$$\frac{dV_k^{r,h}}{dI_{km}^{r,h}} = R_{km}^h$$

$$\frac{dV_k^{r,h}}{dI_{km}^{m,h}} = X_{km}^h$$

$$\frac{dV_k^{m,h}}{dI_{km}^{r,h}} = -X_{km}^h$$

$$\frac{dV_k^{m,h}}{dI_{km}^{m,h}} = -R_{km}^h$$

Derivadas de correntes em coordenadas retangulares:

$$\frac{dI_{km}^{r,h}}{dI_{km}^{r}} = 1$$

$$\frac{dI_{km}^{r,h}}{dI_{km}^{m}} = 0$$

$$\frac{dI_{km}^{m,h}}{dI_{km}^{m,h}} = 1$$

$$\frac{dI_{km}^{m,h}}{dI_{km}^{m,h}} = 1$$

Derivadas de potências ativas e reativas harmônicas:

$$\frac{dP_k^h}{dI_{km}^{r,h}} = V_k^{r,h}$$

$$\frac{dP_k^h}{dI_{km}^{m}} = -V_k^{r,h}$$

$$\frac{dQ_k^h}{dI_{km}^{r}} = V_k^{m,h}$$

$$\frac{dQ_k^h}{dI_{km}^{r,h}} = -V_k^{m,h}$$

O processo para se determinar o vetor solução consiste em aplicar as equações normais de maneira iterativa, conforme descrito anteriormente.

5.7.2 MÉTODOS DE OTIMIZAÇÃO

No caso de a metodologia ser preferencialmente resolvida com base em uma formulação de um problema de otimização, cada ordem harmônica também poderá ter seu estado operativo determinado individualmente, conforme modelo a seguir, estabelecido para cada ordem *h*:

$$min\, J^h\left(\hat{\mathbf{x}}^{\boldsymbol{h}}\right) = \frac{1}{2}\sum_{i=1}^{m}\left(\frac{z_i^h - \phi_i^h\left(\hat{\mathbf{x}}^{\boldsymbol{h}}\right)}{\sigma_i^h}\right)^2$$

s.a:

$$\hat{\mathbf{x}}^{\boldsymbol{h,min}} \leq \hat{\mathbf{x}}^{\boldsymbol{h}} \leq \hat{\mathbf{x}}^{\boldsymbol{h,max}}$$

$$-(1+p)\,P_k^{h,hist} \leq P_k^h \leq (1+p)\,P_k^{h,hist}$$

$$-(1+p)\,Q_k^{h,hist} \leq Q_k^h \leq (1+p)\,Q_k^{h,hist}$$

Nessa abordagem, o sistema pode possuir um número limitado de medidores instalados em campo, uma vez que restrições de desigualdade irão fornecer informações suplementares acerca do estado operativo do sistema para determinada ordem harmônica [62].

Na falta de informações históricas sobre os valores das potências harmônicas, há a possibilidade de se considerar seus valores proporcionais a no máximo γ_k=3% em relação aos valores da frequência fundamental, como expresso em:

$$P_k^{h,hist} = \gamma_k P_k^1$$

$$Q_k^{h,hist} = \gamma_k Q_k^1$$

Apesar de o procedimento ser muito similar ao adotado para redes elétricas inteligentes de distribuição para a frequência fundamental em que a observabilidade era restaurada pela inserção de pseudomedidas de carga, na EEH, as restrições exercem a mesma função de fornecer quantidade redundante de informações acerca do estado operativo mais provável da rede.

Entretanto, note que os valores de potências harmônicas são extremamente menores que os valores correspondentes de carga na fundamental, sendo muitas vezes próximos a valores nulos.

Além disso, como não deve ser feita nenhuma pressuposição sobre a barra com carga não monitorada por PMU conter ou não fonte harmônica, o sinal de P_k^h e Q_k^h pode assumir tanto valores positivos quanto negativos, indicando se a barra está injetando harmônica na rede ou absorvendo energia da mesma através de cargas lineares que atenuem a propagação da distorção, ou até mesmo por filtros passivos que absorvam grande parte da corrente harmônica na correspondente frequência de sintonia deles [63].

A formulação do problema de otimização é dada pelo método de pontos interiores ou outro método compatível com programação não linear.

Deve-se destacar, além dos algoritmos determinísticos, que a solução do problema pode ser explorada usando outros artifícios matemáticos, incluindo heurísticas e meta-heurísticas, como algoritmo genético, colônia de formigas etc. [64, 66, 67, 68].

5.8 EXEMPLO DE APLICAÇÃO 2

Para se estimar o estado harmônico do sistema de 5 barras, com dados definidos nas Tabelas 5.6 a 5.10, tem-se o esquemático da rede elétrica representado pela Figura 5.17.

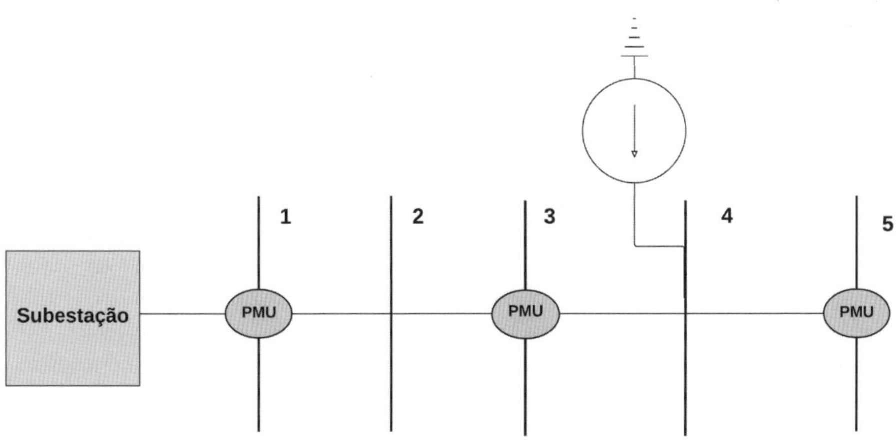

Figura 5.17 – Esquema ilustrativo de sistema de 5 barras.

Nesse caso, optou-se pela instalação de 3 PMUs localizadas nas barras 1, 3 e 5. Note que, todas as correntes seriam mensuradas, estando o sistema completamente observável com o uso dos medidores fasoriais.

Considera-se que, além das correntes a montante e jusante das unidades de medição, as tensões nas barras nos quais eles são alocados estarão disponíveis em tempo real.

Levando em conta a metodologia dos MQP, em que o vetor de variáveis de estados é considerado e coordenadas retangulares, ele será determinado por um número igual a duas vezes o número total de linhas do sistema, sendo formado por 8 elementos, portanto:

$$\hat{\mathbf{x}}^{h=7} = \left[I_{1-2,}^{r} I_{1-2,}^{m} I_{2-3,}^{r} I_{2-3,}^{m} I_{3-4,}^{r} I_{3-4}^{m}, I_{4-5,}^{r} I_{4-5}^{m} \right]^{T}$$

Note-se que o vetor de variáveis é composto por elementos correspondentes às correntes para a sétima ordem harmônica, $h=7$.

Considerando o plano de medição a partir das 3 PMUs, tem-se as grandezas mensuradas conforme a Tabela 5.13, sendo o vetor de medições formado por 14 elementos conforme a seguinte equação:

$$\mathbf{z}^{\mathbf{h}=7} = \left[V_{1}^{r}, V_{1}^{m}, V_{3}^{r}, V_{3}^{m}, V_{5}^{r}, V_{5}^{m}, I_{1-2,}^{r} I_{1-2,}^{m} I_{2-3,}^{r} I_{2-3,}^{m} I_{3-4,}^{r} I_{3-4}^{m}, I_{4-5,}^{r} I_{4-5}^{m} \right]^{T}$$

Tabela 5.13 – Plano de medição do sistema tutorial

Número da medição	Grandeza mensurada	Valor (pu)	σ
1	V_1^r	0,0001	0,004
2	V_1^m	-0,0001	0,004
3	V_3^r	0,0075	0,004

4	V_3^m	0,0057	0,004
5	V_5^r	0,0114	0,004
6	V_5^m	0,0081	0,004
7	I_{1-2}^r	0,0079	0,008
8	I_{1-2}^m	0,0097	0,008
9	I_{2-3}^r	0,0097	0,008
10	I_{2-3}^m	0,0097	0,008
11	I_{3-4}^r	0,0133	0,008
12	I_{3-4}^m	-0,0073	0,008
13	I_{4-5}^r	-0,0059	0,008
14	I_{4-5}^m	0,0036	0,008

Para formar o plano de medição, a fim de efetuar a simulação da operação de um sistema elétrico de potência e monitoramento, os valores reais das medições são adotados como os resultados do FPH e, a eles, são adicionados erros aleatórios de ±5%.

Constrói-se a matriz jacobiana de medições, determina-se a matriz ganho da estimação de estados para obter a solução iterativamente por meio da aplicação das equações normais. Primordialmente, tem-se as estimativas de correntes passantes em todos os ramos após 3 iterações e, aplicando-se leis de Kirchhof, pode-se calcular os valores de tensão em cada barra do sistema posteriormente, chegando-se aos resultados detalhados nas Tabelas 5.14 e 5.15:

Tabela 5.14 – Resultado de magnitudes de tensão harmônica estimadas

Barra (*k*)	V_k(Estimado)	V_k(Real)	$Erro_k$(%)
1	0,0000	0,0000	0,2354
2	0,0046	0,0047	0,2647
3	0,0093	0,0094	0,2674
4	0,0144	0,0145	0,2556

Tabela 5.15 – Resultado de ângulos de tensão harmônica estimados

Barra (*k*)	θ_k(Estimado)	θ_k(Real)	$Erro_k$(%)
1	-53.45	-53.47	–
2	33,22	33,26	0,2943
3	37,58	37,55	0,2972
4	35,38	35,36	0,2782

Pode-se notar que os valores estimados são muito próximos aos valores reais, obtidos pelo fluxo de potência harmônico, validando a aplicação da estimação de estados harmônicos.

5.9 USO DE PROCESSAMENTO PARALELO

Na metodologia de EEH, cada harmônica é estimada e analisada individualmente. Em nível computacional, pode-se conceber duas formas de implementação prática usando essa abordagem [69]. A primeira é um processo de estimação sequencial em que, para um dado intervalo de tempo, as ordens harmônicas são estimadas sequencialmente uma após a outra, da primeira $h = 1$ até a última $h = Hmax$. A segunda forma é a estimação usando processamento paralelo, em que a estimação de estados referente a uma determinada harmônica h é chamada de "processo'" ou "tarefa"' (*threads*), sendo realizados pelo computador simultaneamente, distribuindo as *threads* entre seus núcleos de processamento.

Computadores com processadores inteligentes possuem modelos diferentes (Intel Core i3, i5 e i7). O Intel Core i3 possui dois núcleos físicos de processamento, por exemplo. Já os CPUs da série Core i7 possuem quatro núcleos (exceção do i7-980X, que possui seis núcleos), e tecnologia *Hyper-Threading.*[2] Essa tecnologia permite que um núcleo de processamento consiga realizar duas atividades ("tarefas"') ao mesmo tempo, resultando no que se chama núcleo real (físico) e virtual (emulado). Portanto, um número de até oito tarefas (*threads*) individuais podem ser executadas concomitantemente, a princípio.

Considerando a aplicação desta tecnologia ao método de EEH, pode-se vislumbrar utilizar o processamento paralelo para estimar ordens harmônicas, dividindo os processos independentes em diferentes núcleos de processamento.

O MATLAB® (MATrix LABoratory) apresenta uma caixa de ferramentas extensa, a qual inclui a *Parallel Computing Toolbox* TM. Essa ferramenta permite resolver problemas com uso intensivo de dados e de computação, usando processadores com múltiplos núcleos. Por meio da função *parfor* é possível dividir várias tarefas associadas à estimação de estados de ordens harmônicas diferentes em vários núcleos [69]. Por exemplo, usando um Intel i7, até oito tarefas individuais podem ser executadas ao mesmo tempo. Caso o número máximo de ordens harmônicas a serem estimadas seja oito, cada uma poderá ser executada individualmente e concomitantemente às outras.

Caso um número maior de harmônicas esteja sob análise, e os oito núcleos sejam usados, oito processos serão realizados concomitantemente e, assim que um núcleo estiver disponível (ao terminar sua tarefa), uma nova tarefa será associada a ele automaticamente.

O uso de processamento paralelo é importante para acelerar o tempo computacional de um método em que várias tarefas independentes podem ser executadas simultaneamente.

Nas Figuras 5.18 e 5.19 são ilustrados os processos de estimação de ordens harmônicas feito de maneira sequencial e usando processamento paralelo, respectivamente.

2 As informações foram obtidas a partir da tese de doutorado do autor, publicado em 2018.

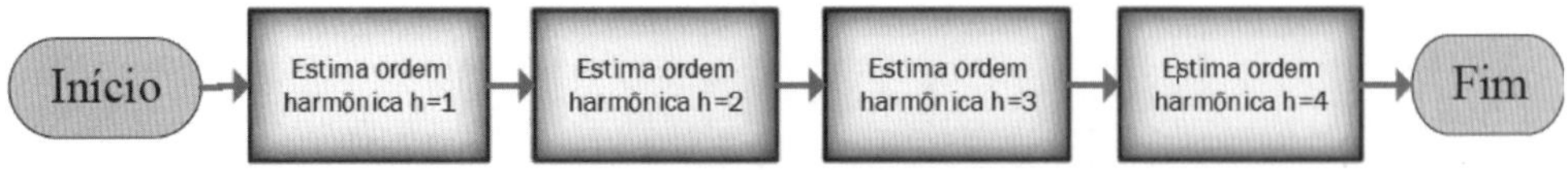

Figura 5.18 – Estimação sequencial.

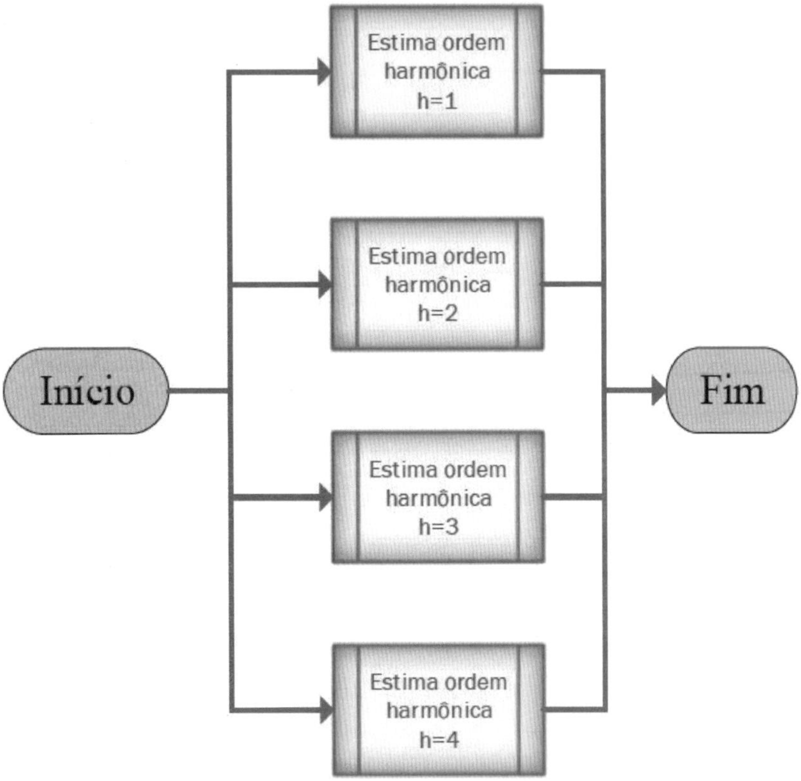

Figura 5.19 – Estimação usando processamento paralelo.

No processo sequencial, os estados de várias ordens harmônicas são estimados em série. Ou seja, no fim do processo, somam-se os tempos computacionais gastos associados a todas as tarefas realizadas. Se o processo de estimação para cada ordem durar 5 minutos no máximo, e se 4 harmônicas forem estimadas, tem-se no total um mínimo de 20 minutos gastos.

No processo paralelo, as tarefas são realizadas concomitantemente. O tempo do início até o fim do processo de estimação será aproximadamente igual ao tempo máximo associado a uma das tarefas (que durar mais tempo). Caso todas sejam realizadas em 5 minutos, o processo durará aproximadamente 5 minutos. Em relação ao processo sequencial, ter-se-ia um ganho (*speed-up*) definido como a relação entre o processo sequencial e paralelo igual a 4 (20/5).

5.10 APRESENTAÇÃO DE RESULTADOS

Após a estimação de estados harmônicos, é muito comum utilizar gráficos tridimensionais para representar a estimação de estados mostrando os resultados de tensão harmônica em cada barra do sistema e para cada ordem harmônica.

Seja o sistema de 33 barras, ilustrado na Figura 3.7 deste livro, contendo apenas 8 PMUs, conforme a referência [69]. Nesse caso, é possível estimar os estados harmônicos na rede de distribuição contendo cargas não lineares, pela implementação computacional do método de otimização descrito pela formulação apresentada na Seção 5.7.2.

Foram simuladas quatro fontes harmônicas dominantes neste sistema, sendo conectadas às barras 11, 17, 22 e 28. Note que, nesse caso, as PMUs instaladas no sistema fornecem informações das tensões fasoriais nas barras nas quais estão alocadas bem como as correntes passantes nas linhas conectadas à unidade de medição.

Para as barras de carga não monitoradas, suas potências ativas e reativas serão tratadas como restrições de desigualdade, excursionando entre valores mínimos e máximos preestabelecidos por fatores percentuais.

Nas Figuras 5.20 e 5.21, são mostrados os valores estimados pela metodologia de otimização e os erros de estimação entre eles, respectivamente.

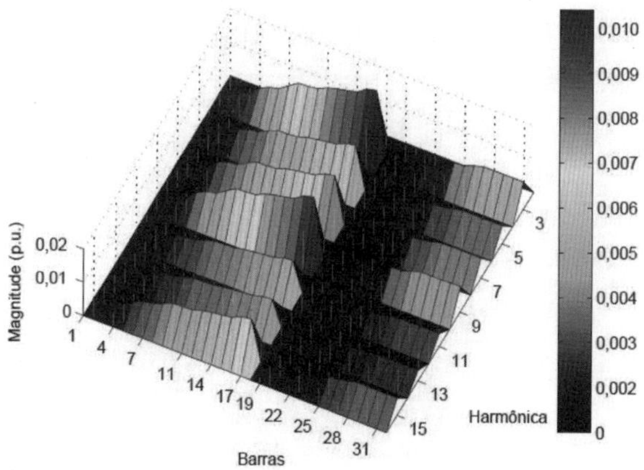

Figura 5.20 – Valores estimados de tensão.

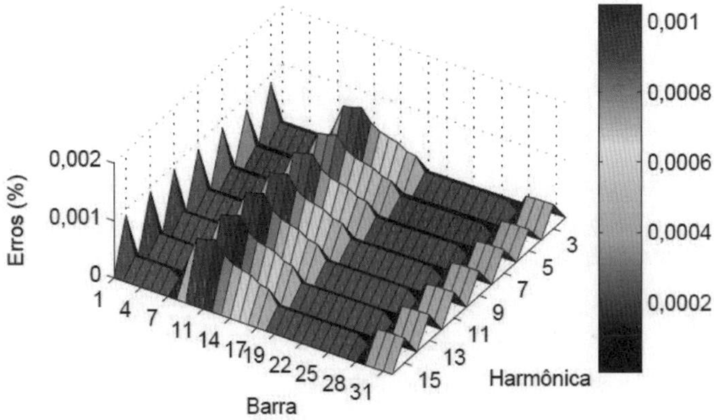

Figura 5.21 – Erros de estimação.

Pode-se perceber a existência de pontos de ressonância no sistema por meio da elevação dos valores de tensão na nona ordem harmônica, por exemplo, com maior expressividade na barra 17.

Na Tabela 5.16, são mostrados os resultados de tempos computacionais gastos pelo algoritmo a fim de se determinar os estados harmônicos para todas as frequências desejadas desde a fundamental até a décima quinta.[3]

São apresentados o tempo em segundos para o processo sequencial e utilizando processamento paralelo com 4 e 8 *threads*. Pode-se notar um ganho computacional expressivo nestes casos de estudo.

Tabela 5.16 – Tempos computacionais

Processo	***Tempo(s)***	***Speed-up***
Sequencial	2,11	1
4 *threads*	0,67	3,13
8 *threads*	0,35	6,03

3 Tese de doutorado do autor disponível em: https://repositorio.ufjf.br/jspui/handle/ufjf/8019

CAPÍTULO 6

ESTIMAÇÃO DE ESTADOS DINÂMICA

6.1 CONSIDERAÇÕES INICIAIS

Apesar de a estimação de estados ser fundamentada nos conceitos acerca de sistemas elétricos em regime permanente no domínio da frequência, outras ferramentas analíticas propõem o uso do tempo como variável, impondo a necessidade de modelar os processos que envolvem a transição de estados ao longo de um período no qual a estimação será realizada. O objetivo, neste caso, é permitir a estimação de estados e curvas diárias de carga a partir de medições coletadas em tempo real da rede [70].

Com o advento da tecnologia dos sincrofasores, é possível estabelecer um modelo baseado em mensurações efetuadas continuamente em intervalos de tempo bastante reduzidos, o que permite o desenvolvimento de algoritmos que contemplem a denominada estimação de estados dinâmica (EED).

Além da conceituação teórica abordada por Fred Schweppe para regime permanente e condições estacionárias, há ainda a possibilidade de desenvolvimento dos denominados estimadores quasi-estáticos ou estimadores rastreadores de estados [71]. Eles são baseados na adoção das equações algébricas primordiais da EE básica resolvida por MQP. Entretanto, a fim de contemplar a estimação de estados ao longo do tempo, existe a possibilidade de se contemplar as estimativas obtidas em um instante de tempo anterior como variáveis para a inicialização em um novo momento no qual a estimação de estados se dará. Dessa forma, dois intervalos de tempo de estimação consecutivos são correlacionados, sendo seus estados operativos determinados pela aplicação das equações normais da EE. Essa abordagem só é válida mediante a pressuposição de que a carga do sistema elétrico a ser monitorado varia pouco entre dois instantes de tempo nos quais a estimação for efetuada, assumindo uma característica típica de sistemas de transmissão tradicionais cuja demanda possui uma variação típica e pouco expressiva em intervalos de tempo reduzidos, por exemplo, em 10 segundos, em que é de se esperar que não haja variação brusca da carga do sistema.

Entretanto, motivados pela introdução de fontes alternativas de energia renováveis como a eólica, solar e heliotérmica, o desenvolvimento de ferramentas que contemplem aspectos relacionados à intermitência da carga e geração representa um campo fértil de pesquisas.

Nesse âmbito, a adoção da EED ganha maior força, expressão e notoriedade por assumir que o sistema elétrico, seja ele de alta, média ou baixa tensão, pode sofrer com variações bruscas devido às fontes intermitentes e inserção de novos tipos de cargas no contexto das *smart grids*.

6.2 USO DO FILTRO DE KALMAN ESTENDIDO

O principal algoritmo que habilita o operador a acompanhar as variações de carga e grandezas elétricas ao longo do tempo, considerando-o como variável da ferramenta analítica, é o filtro de Kalman (FK).

O FK permite rastrear a intermitência de cargas e geração ao longo do tempo, assumindo a dinamicidade do sistema, modelada a partir de equacionamento apropriado [71,72].

Da mesma forma que o algoritmo tradicional MQP é aplicado considerando a existência de medidores otimamente alocados no sistema, é necessário estabelecer um modelo para cada medição a ser obtida pelo sistema de monitoramento, como estabelecido a seguir, em que o vetor coluna de medições $\mathbf{z}_t$ é composto por qualquer tipo de medição obtido no domínio do tempo:

$$\mathbf{z}_t = [V_k, \ldots, \theta_k, \ldots, P_{km}, \ldots, Q_{km}, \ldots, P_k, \ldots, Q_k, \ldots I_{km}, \ldots, \delta_{km}]^T$$

Deve-se determinar um vetor de variáveis de estados a serem estimados, como:

$$\hat{\mathbf{x}}_t = [\theta_2, \theta_3, \theta_{N_b}, \ldots V_1, V_2, \ldots, V_{N_b}]$$

O modelo recursivo, no qual o algoritmo se baseia, estabelece a relação entre os vetores de variáveis de estados obtidos em intervalos consecutivos de estimação, t-1 e t, dada pela equação:

$$\hat{\mathbf{x}}_t = \mathbf{A}_t . \hat{\mathbf{x}}_{t-1} + \mathbf{w}_t$$

A matriz $\mathbf{A}_t$ é diagonal, chamada de matriz de transição de estados, sendo formada por elementos a alguma equação ou constante que estabelece uma regra de transição entre variáveis obtidas em intervalos de tempo sucessivos (por exemplo, pode-se prever que a potência estimada anteriormente será 2% maior que esse valor para um próximo intervalo no qual o processo de estimação se dará). Geralmente, esta característica do filtro de Kalman é pouco explorado quando os intervalos de estimação são considerados muito curtos, uma vez que a pressuposição de que a carga estática varia entre limites preestabelecidos entre dois instantes de tempo consecutivos pode ser adotada como premissa.

É importante notar que, apesar de haver uma matriz de transição, há um vetor de erro $\mathbf{w}_t$ que representa a incerteza, ou ruído, relacionado ao processo de transição entre os consecutivos intervalos. Pode ser modelado como gaussiana de média zero e um desvio padrão relacionado à incerteza considerada na transição de estados.

O vetor de medição se relaciona com o vetor de estados estimados em um instante de tempo, por meio da equação a seguir, em que $\mathbf{H}_t$ é a matriz jacobiana de medições em relação aos estados, sendo sua formação discutida no Capítulo 2 deste livro. O vetor coluna de erros de medição $\epsilon_t\,(0,\sigma)$ é composto por valores relacionados aos erros aleatórios do processo de medição, sendo relacionados à classe de exatidão de cada medidor.

$$z_t = H_t.\hat{x}_t + \epsilon_t(0,\sigma).$$

Para a inicialização do processo, é comum adotar as magnitudes de tensão como 1 pu e ângulos de fase iguais a zero, denotados pelo vetor $\hat{x}_0$, ao qual é atribuída uma matriz de covariância de elementos diagonais $\hat{p}_0$, geralmente adotados como menores que 1, representando os erros associados à pressuposição adotada em relação aos valores iniciais. A partir desses conceitos iniciais, o algoritmo do filtro de Kalman é desenvolvido com base em etapas de previsão e correção, detalhadas a seguir.

Na etapa de previsão, o vetor de variáveis de estados assumirá um valor previsto denotado por x^{-}_t, sendo calculado por:

$$\bar{x}_t = A_t.\hat{x}_{t-1}$$

A matriz de covariância prevista é de dimensão igual a *n* x *n*, sendo *n* o número total de variáveis, calculada pela expressão em que $\mathbf{Q}_t$ é diagonal e composta pelas covariâncias associadas ao ruído de transição $\mathbf{w}_t$.

$$\overline{\mathbf{P}_t} = \mathbf{A}_t.\hat{\mathbf{P}}_{t-1}.\mathbf{A}_t^T + \mathbf{Q}_t$$

Na etapa de correção, utilizam-se os valores previstos $\bar{\mathbf{x}}_t$ e $\bar{\mathbf{p}}_t$ a fim de estimar seus valores mais prováveis a partir do cálculo direto do ganho de Kalman, K_t, definido a partir da matriz jacobiana de medições, a qual é calculada cada vez em que se recebem novos valores de medição e a matriz diagonal **R**:

$$\mathbf{K}_t = \overline{\mathbf{P}_t}.\mathbf{H}_t^T.\left[\mathbf{H}_t.\overline{\mathbf{P}_t}.\mathbf{H}_t^T + \mathbf{R}^{-1}\right]$$
$$\mathbf{R} = \mathbf{diag}\left(\sigma_1^2, \sigma_2^2, \ldots, \sigma_m^2\right)$$

Uma vez calculado o ganho de Kalman, é possível estimar as variáveis de estados em um determinado tempo e a matriz de covariância $\bar{\mathbf{x}}_t$ e $\bar{\mathbf{P}}_t$, respectivamente fornecidas pela equação:

$$\hat{\mathbf{x}}_t = \overline{\mathbf{x}_t} + \mathbf{K}_t\left(\mathbf{z}_t - \mathbf{H}_t.\overline{\mathbf{x}_t}\right)$$
$$\hat{\mathbf{P}}_t = \overline{\mathbf{P}_t} + \mathbf{K}_t.\overline{\mathbf{x}_t}.\overline{\mathbf{P}_t})$$

Para o cálculo dos estados operativos ao longo do tempo, é necessário efetuar os seguintes procedimentos:

1. Inicializar o algoritmo em um tempo de estimação igual a **t = 0**.

2. Determinar os valores dos elementos do vetor de variáveis de estados $\hat{x}_0$ e sua matriz de covariância iniciais, $\hat{p}_0$.

3. Aplicar as equações que permitem prever os valores respectivos do vetor de variáveis e sua matriz de covariância.

4. Calcular o ganho de Kalman.

5. Estimar as variáveis para um determinado tempo de estimação usando as equações do FK a partir das medições obtidas em um dado instante de tempo **t**.

6. Atualizar o tempo **t = t + 1** e voltar ao passo 3, a fim de prever novamente os valores dos estados operativos e estimá-los considerando os novos valores de medição obtidos neste novo intervalo.

Note-se que o algoritmo é recursivo, pois se vale de informações previamente calculadas em um instante de tempo anterior. Sua aplicação se dá a cada instante de tempo em que o algoritmo de estimação for aplicado, por exemplo, de 1 em 1 segundo, permitindo rastrear as variações de grandezas elétricas monitoradas no sistema elétrico de potência.

A vantagem do uso do FK é que a ferramenta consiste em aplicações e cálculos matriciais diretos, não sendo necessário calcular a solução iterativamente. É apenas necessário estabelecer a matriz jacobiana que estabelece as equações algébricas que correlacionam as variáveis de estados com as medições obtidas em campo e a adoção de um modelo que contemple as características do sistema de monitoramento como os ruídos de medição, de transição e as matrizes de covariância.

Além de permitir estimar estados na frequência fundamental, a EED permite rastrear variações harmônicas ao longo do tempo [72]. Basta o vetor de variáveis de estados ser formado por elementos referentes a uma determinada ordem harmônica a qual será avaliada; o vetor de medições contemplar tais medidas; e a matriz jacobiana ser formada pelas derivadas parciais corretamente computadas, considerando a formação da matriz admitância nodal harmônica para o caso em questão.

6.3 ESTUDO DE CASO

Seja o sistema de 18 barras mostrado na Figura 6.1, contendo 7 PMUs monitorando a rede elétrica inteligente composta por duas unidades de geração distribuídas DG-1 e DG-2, alocadas nas barras 7 e 14, respectivamente.

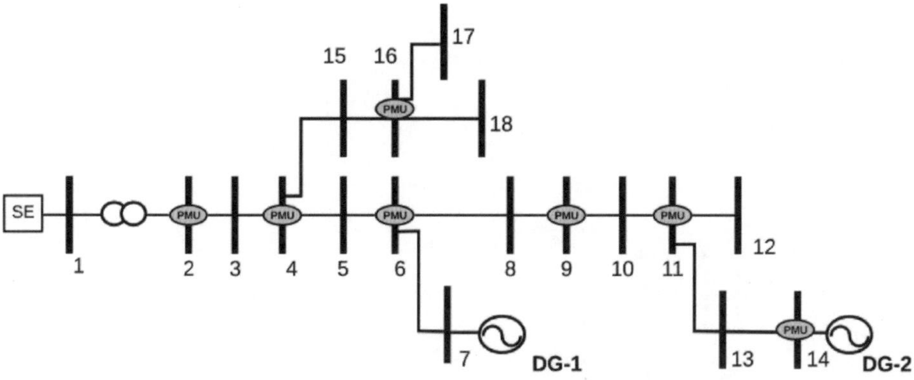

Figura 6.1 – Sistema de 18 barras monitorado por 7 PMUs.

Pela simulação de curvas de cargas e geração diárias, é possível obter os estados estimados ao longo do tempo. Neste caso de estudo, o *real time digital simulator* (RTDS) é utilizado a fim de obter as medições fasoriais sincronizadas que irão contemplar o vetor de medição conforme estabelecido neste capítulo. A fim de simular corretamente a obtenção de medição fasorial sincronizada, os medidores da Reason/GE denominados RPV-311 são utilizados para a obtenção de medições fasoriais de tensão e corrente nos pontos indicados na Figura 5.22.

Utilizando a metodologia do filtro de Kalman, é possível estimar grandezas elétricas dinamicamente. Como resultado, tem-se os valores de tensão na barra 14 estimados ao longo de 24 horas diárias simuladas, conforme apresentado pela Figura 6.2.

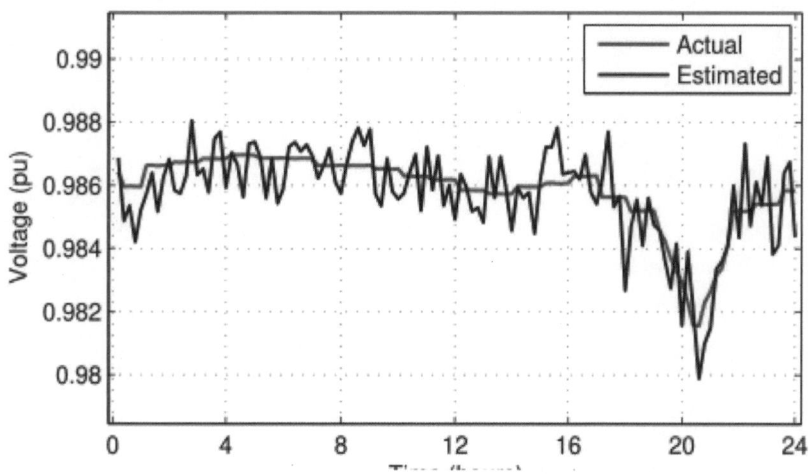

Figura 6.2 – Resultado de estimação de tensão na barra 14.

REFERÊNCIAS

[1] MELO, Igor D.; OLIVEIRA, Braulio C.; ANTUNES, Matheus P. Voltage stability assessment using modal analysis based on power systems state estimation. *Electrical Engineering*, p. 1-10, 2021.

[2] KUNDUR, Prabha. Power system stability. *In*: *Power system stability and control*. New York: McGraw-Hill, 2007. p. 7-1.

[3] KAGAN, Nelson; ROBBA, Ernesto João; SCHMIDT, Hernán Prieto. *Estimação de indicadores de qualidade da energia elétrica*. São Paulo: Editora Blucher, 2009.

[4] MONTICELLI, Alcir. *State estimation in electric power systems*: a generalized approach. Boston: Springer Science & Business Media, 2012.

[5] ABUR, Ali; EXPOSITO, Antonio Gomez. *Power system state estimation*: theory and implementation. Boca Raton: CRC Press, 2004.

[6] PHADKE, Arun G.; THORP, James S. *Synchronized phasor measurements and their applications*. New York: Springer, 2008.

[7] ZELINGHER, Shalom *et al.* Harmonic monitoring system via GPS-synchronized measurements-update and new developments. *In*: 2006 IEEE Power Engineering Society General |Meeting. IEEE, 2006. p. 7.

[8] Disponível em: https://sage.cepel.br/index.php/pt/. Acesso em: 30 out. 2021.

[9] KHAN, Rafiullah *et al.* Ieee c37. 118-2 synchrophasor communication framework-overview, cyber vulnerabilities analysis and performance evaluation. *In*: International Conference on Information Systems Security and Privacy. SciTePress. SciTePress, 2016. p. 167-178.

[10] MONTON, Aaron Kyle; LARIOZA, Vanessa; PACIS, Michael. An optimal phasor measurement unit (PMU) placement algorithm with (N-1) contingency using integer linear programming (ILP). *In*: 2021 IEEE International Conference on Automatic Control & Intelligent Systems (I2CACIS). IEEE, 2021. p. 81-86.

[11] SCHWEPPE, Fred C.; WILDES, J. Power system static-state estimation, Part I: Exact model. *IEEE Transactions on Power Apparatus and Systems*, n. 1, p. 120-125, 1970.

[12] SCHWEPPE, Fred C.; ROM, Douglas B. Power system static-state estimation, Part II: Approximate model. *IEEE Transactions on Power Apparatus and Systems*, n. 1, p. 125-130, 1970.

[13] SCHWEPPE, Fred C. Power system static-state estimation, Part III: Implementation. *IEEE Transactions on Power Apparatus and Systems*, n. 1, p. 130-135, 1970.

[14] PRIMADIANTO, Anggoro; LU, Chan-Nan. A review on distribution system state estimation. *IEEE Transactions on Power Systems*, v. 32, n. 5, p. 3875-3883, 2016.

[15] FANTIN, Camila dos Anjos. *Análise de observabilidade e de redundância de medidas no contexto de estimação de estado trifásica*. 2012. Tese (Doutorado) – Universidade de São Paulo, São Paulo, 2012.

[16] THURNER, Leon *et al.* Pandapower – an open-source python tool for convenient modeling, analysis, and optimization of electric power systems. *IEEE Transactions on Power Systems*, v. 33, n. 6, p. 6510-6521, 2018.

[17] GHOLAMI, Mohammad *et al*. Optimal allocation of PMUs in active distribution network considering reliability of state estimation results. *IET Generation, Transmission & Distribution*, v. 14, n. 18, p. 3641-3651, 2020.

[18] FETZER, Erwin Enrique; ANDERSON, P. M. Observability in the state estimation of power systems. *IEEE transactions on power Apparatus and Systems*, v. 94, n. 6, p. 1981-1988, 1975.

[19] BABU, Rohit; BHATTACHARYYA, Biplab. Optimal allocation of phasor measurement unit for full observability of the connected power network. *International Journal of Electrical Power & Energy Systems*, v. 79, p. 89-97, 2016.

[20] DE OLIVEIRA, Bráulio César *et al.* Decentralized three-phase distribution system static state estimation based on phasor measurement units. *Electric Power Systems Research*, v. 160, p. 327-336, 2018.

[21] MUSCAS, Carlo *et al.* Effects of measurements and pseudomeasurements correlation in distribution system state estimation. *IEEE Transactions on Instrumentation and Measurement*, v. 63, n. 12, p. 2813-2823, 2014.

[22] DE MELO, Igor D.; JUNIOR, Heitor M. R.; DE OLIVEIRA, Mariana E. Maximum hosting capacity of distributed generation in three-phase distribution systems: an approach based on an optimization model. *Brazilian Journal of Development*, v. 7, n. 1, p. 7425-7443, 2021.

[23] LA GATTA, Paula O.; PASSOS FILHO, João A.; PEREIRA, José L. R. Tools for handling steady-state under-frequency regulation in isolated microgrids. *IET Renewable Power Generation*, v. 13, n. 4, p. 609-617, 2019.

[24] ALVES, Guilherme O. *et al.* A new governor power flow formulation based on the current injections method. *International Journal of Electrical Power & Energy Systems*, v. 104, p. 705-715, 2019.

[25] MULENGA, Enock; BOLLEN, Math HJ; ETHERDEN, Nicholas. A review of hosting capacity quantification methods for photovoltaics in low-voltage dis-

tribution grids. *International Journal of Electrical Power & Energy Systems*, v. 115, p. 105445, 2020.

[26] DE SOUZA, Matheus A. *et al.* Detection and identification of energy theft in advanced metering infrastructures. *Electric Power Systems Research*, v. 182, p. 106258, 2020.

[27] TODESCATO, Marco *et al.* Smart grid state estimation with PMUs time synchronization errors. *Energies*, v. 13, n. 19, p. 5148, 2020.

[28] BARAN, Mesut E.; KELLEY, Arthur W. A branch-current-based state estimation method for distribution systems. *IEEE Transactions on Power Systems*, v. 10, n. 1, p. 483-491, 1995.

[29] DOBAKHSHARI, Ahmad Salehi *et al.* Linear LAV-based state estimation integrating hybrid SCADA/PMU measurements. *IET Generation, Transmission & Distribution*, v. 14, n. 8, p. 1583-1590, 2020.

[30] ALVES, Guilherme O. *et al.* Distribution system state estimation using phasor measurement units. In: 2016 *10th International Conference on Compatibility, Power Electronics and Power Engineering* (CPE-POWERENG). IEEE, 2016. p. 132-137.

[31] DE OLIVEIRA, Bráulio C.; MELO, Igor D.; SOUZA, Matheus A. Bad data detection, identification and correction in distribution system state estimation based on PMUs. *Electrical Engineering*, p. 1-17, 2021.

[32] HANDSCHIN, Edmund *et al.* Bad data analysis for power system state estimation. *IEEE Transactions on Power Apparatus and Systems*, v. 94, n. 2, p. 329-337, 1975.

[33] DE OLIVEIRA, Braulio C. *et al.* A new methodology for high impedance fault detection, classification and location using PMUs. In: 2018 Simpósio Brasileiro de Sistemas Eletricos (SBSE). IEEE, 2018. p. 1-6.

[34] MONTICELLI, Alcir; GARCIA, Ariovaldo. Reliable bad data processing for real-time state estimation. *IEEE Transactions on Power Apparatus and Systems*, n. 5, p. 1126-1139, 1983.

[35] DE MENEZES, Diego Q. F. *et al.* A review on robust M-estimators for regression analysis. *Computers & Chemical Engineering*, p. 107254, 2021.

[36] MILI, Lamine *et al.* Robust state estimation based on projection statistics [of power systems]. *IEEE Transactions on Power Systems*, v. 11, n. 2, p. 1118-1127, 1996.

[37] BA, Demba *et al.* Convergence and stability of iteratively re-weighted least squares algorithms. *IEEE Transactions on Signal Processing*, v. 62, n. 1, p. 183-195, 2013.

[38] MELO, Igor D.; ANTUNES, Matheus P. Bad data correction in harmonic state estimation for power distribution systems: an approach based on generali-

sed pattern search algorithm. *Electric Power Systems Research*, v. 204, p. 107684, 2022.

[39] YORK, Richard; BELL, Shannon E. Energy transitions or additions?: Why a transition from fossil fuels requires more than the growth of renewable energy. *Energy Research & Social Science*, v. 51, p. 40-43, 2019.

[40] HEYDT, Gerald Thomas. Identification of harmonic sources by a state estimation technique. *IEEE Transactions on Power Delivery*, v. 4, n. 1, p. 569-576, 1989.

[41] ANTUNES, Matheus Pereira *et al.* Voltage sag detection methods based on synchronized phasor measurements using rtds. In: 2017 IEEE 26th International Symposium on Industrial Electronics (ISIE). IEEE, 2017. p. 180-185.

[42] VARIZ, Abilio Manuel *et al*. Cálculo do fluxo de harmônicos em sistemas de potência trifásicos utilizando o método de injeção de correntes com solução iterativa. *SBA: Controle & Automação Sociedade Brasileira de Automática*, v. 19, p. 178-198, 2008.

[43] NIQUINI, Filipe M. M. *et al.* Modelagem do elo de corrente contínua para análise harmônica utilizando o método de injeção de correntes trifásico harmônico com solução iterativa. *In*: XI Simpósio de Especialistas em Planejamento da Operação e Expansão Elétrica, 2009.

[44] DE MELO, Igor D.; CARNEIRO, Aurea S.; PEREIRA, José L. R. Impact of power quality on voltage stability assessment in power systems using RTDS. *In*: 2018 Simpósio Brasileiro de Sistemas Eletricos (SBSE). IEEE, 2018. p. 1-6.

[45] PRODIST – Módulo 8. ANNEL, 2016. Disponível em: https://antigo.aneel.gov.br/modulo-8.

[46] PROCEDIMENTOS de redes. ONS. Disponível em: http://www.ons.org.br/paginas/sobre-o-ons/procedimentos-de-rede/vigentes.

[47] MCGRANAGHAN, Mark F.; MUELLER, David R. Designing harmonic filters for adjustable-speed drives to comply with IEEE-519 harmonic limits. *IEEE Transactions on Industry Applications*, v. 35, n. 2, p. 312-318, 1999.

[48] FABRI, Diego F. *et al.* Time-varying harmonic analyzer prototype. *In*: *Proceedings of 14th International Conference on Harmonics and Quality of Power--ICHQP 2010*. IEEE, 2010. p. 1-7.

[49] CATALIOTTI, Antonio; COSENTINO, Valentina. Disturbing load identification in power systems: a single-point time-domain method based on IEEE 1459-2000. *IEEE Transactions on instrumentation and measurement*, v. 58, n. 5, p. 1436-1445, 2009.

[50] SANTOS, A. C.; OLIVEIRA, J. C.; SANTOS, I. N. A comparative analysis between methodologies for responsibility assignment on harmonic distortions. *Renewable Energy & Power Quality Journal (RE&PQJ)*, v. 1, p. 312, 2015.

[51] CARAMIA, Pierluigi; CARPINELLI, Guido; VERDE, Paola. *Power quality indices in liberalized markets*. New Jersey: John Wiley & Sons, 2009.

[52] ARRILLAGA, Jos; WATSON, Neville R. P*ower system harmonics*. New Jersey: John Wiley & Sons, 2004.

[53] VARIZ, Abilio M. *Cálculo do Fluxo de Harmônicas em Sistemas Trifásicos Utilizando o Método de Injeção de Correntes*. 2006. Tese (Doutorado) - Coppe/ Universidade Federal do Rio de Janeiro, Rio de Janeiro, 2006.

[54] PES, WORKING GROUP. *Tutorial on Newtorks Modelling for Harmonic Studies*. [*S. l.*], IEEE, 2003.

[55] CIGRE. *Nework Modelling for Harmonic Studies*. [*S. l.*], 2019.

[56] MINCIUNESCU, Petre; ANTONESEI, Gabriel. Novel harmonic analysis method improves accuracy, reduces computation overhead in smart meters. Technical Article MS-2223, Analog Devices, 2011.

[57] MELIOPOULOS, A. P. Sakis *et al*. The supercalibrator – a fully distributed state estimator. *In*: *IEEE PES General Meeting*. IEEE, 2010. p. 1-8.

[58] MELIOPOULOS, A. P. Sakis *et al*. Advances in the supercalibrator concept-practical implementations. *In*: 2007 40th Annual Hawaii International Conference on System Sciences (HICSS'07). IEEE, 2007. p. 118-118.

[59] FARDANESH, Bruce *et al*. Harmonic monitoring system via synchronized measurements. *In*: 8th International Conference on Harmonics and Quality of Power. *Proceedings* (Cat. No. 98EX227). IEEE, 1998. p. 482-488.

[60] CARTA, Andrea; LOCCI, Nicola; MUSCAS, Carlo. A PMU for the measurement of synchronized harmonic phasors in three-phase distribution networks. *IEEE Transactions on instrumentation and measurement*, v. 58, n. 10, p. 3723-3730, 2009.

[61] GRANADOS-LIEBERMAN, David *et al*. Harmonic PMU and fuzzy logic for online detection of short-circuited turns in transformers. *Electric Power Systems Research*, v. 190, p. 106862, 2021.

[62] MELO, Igor D. *et al*. Harmonic state estimation for distribution networks using phasor measurement units. *Electric Power Systems Research*, v. 147, p. 133-144, 2017.

[63] MELO, Igor D. *et al*. Harmonic state estimation for distribution systems based on optimization models considering daily load profiles. *Electric Power Systems Research*, v. 170, p. 303-316, 2019.

[64] MORADIFAR, Amir; FOROUD, Asghar A.; FIROUZJAH, Khalil G. Intelligent localisation of multiple non-linear loads considering impact of harmonic state estimation accuracy. *IET Generation, Transmission & Distribution*, v. 11, n. 8, p. 1943-1953, 2017.

[65] AREFI, Ali *et al.* A novel algorithm based on honey bee mating optimization for distribution harmonic state estimation including distributed generators. *In*: 2009 IEEE Bucharest Powertech. IEEE, 2009. p. 1-7.

[66] AREFI, Ali; HAGHIFAM, Mahmood-Reza; FATHI, S. H. Distribution harmonic state estimation based on a modified PSO considering parameters uncertainty. *In*: 2011 IEEE Trondheim Powertech. IEEE, 2011. p. 1-7.

[67] DE ARRUDA, Elcio F.; KAGAN, Nelson; RIBEIRO, Paulo F. Harmonic distortion state estimation using an evolutionary strategy. *IEEE Transactions on Power Delivery*, v. 25, n. 2, p. 831-842, 2010.

[68] ARRUDA, Elcio F.; KAGAN, N.; RIBEIRO, P. F. Three-phase harmonic distortion state estimation algorithm based on evolutionary strategies. *Electric Power Systems Research*, v. 80, n. 9, p. 1024-1032, 2010.

[69] DE MELO, Igor D. Estimação estática de estados harmônicos em redes trifásicas de distribuição monitoradas por PMUs: uma abordagem considerando curvas diárias de carga. 2018. Tese (Doutorado) - PPEE/Universidade Federal de Juiz de Fora, Juiz de Fora, 2018.

[70] SHIVAKUMAR, N. R.; JAIN, Amit. A review of power system dynamic state estimation techniques. *In*: 2008 Joint International Conference on Power System Technology and IEEE Power India Conference. IEEE, 2008. p. 1-6.

[71] FALCAO, D. M.; COOKE, P. A.; BRAMELLER, A. Power system tracking state estimation and bad data processing. IEEE *Transactions on Power Apparatus and Systems*, n. 2, p. 325-333, 1982.

[72] YU, Kent K. C.; WATSON, N. R.; ARRILLAGA, J. An adaptive Kalman filter for dynamic harmonic state estimation and harmonic injection tracking. IEEE *Transactions on Power Delivery*, v. 20, n. 2, p. 1577-1584, 2005.

[73] WOOD, Allen J.; WOLLENBERG, Bruce F.; SHEBLÉ, Gerald B. *Power generation, operation, and control.* New Jersey: John Wiley & Sons, 2013.

[74] GARCIA, Paulo A. N. et al. Three-phase power flow calculations using the current injection method. IEEE *Transactions on Power Systems*, v. 15, n. 2, p. 508-514, 2000.

[75] PENIDO, Debora R. R. *et al.* Three-phase power flow based on four-conductor current injection method for unbalanced distribution networks. IEEE *Transactions on Power Systems*, v. 23, n. 2, p. 494-503, 2008.

[76] VARIZ, Abilio Manuel *et al.* Harmonic analysis of the power distribution Neutral-to-Earth Voltage (NEV) test case using four-wire three-phase harmonic current injection method. In: 2009 IEEE POWER & ENERGY SOCIETY GENERAL MEETING. IEEE, 2009. p. 1-7.

APÊNDICE A:
FLUXO DE POTÊNCIA TRADICIONAL

Uma das ferramentas essenciais para análise de redes elétricas é o fluxo de potência [73]. Dentre as principais funções que permitem a avaliação do estado operativo dos sistemas de potência, essa se destaca devido à facilidade de implementação, convergência e robustez.

O fluxo de potência consiste em uma ferramenta matemática analítica que depende de um modelo adotado para a rede elétrica, podendo ser implementado considerando modelagens linearizadas ou não lineares, em coordenadas polares ou retangulares, considerando controle de tensão, frequência por meio da incorporação de equações algébricas que relacionem as variáveis de controle com as de estado a serem determinadas para um certo ponto de operação.

O objetivo primordial de um fluxo de potência não linear tradicional é calcular as tensões (magnitudes e ângulos) em todas as barras do sistema considerando especificadas as cargas (potências ativas e reativas), valores especificados de tensão em barras de geração e magnitudes e ângulos nas barras de referência angular. Dessa forma, é necessário definir antes da execução de um fluxo de potência quais são os tipos de barras que pode haver em um sistema de potência, sendo três as possibilidades básicas:

- Barra $V\theta$ (ou barra swing): este tipo de barra é definido pelo usuário, geralmente sendo associada à primeira barra de geração do sistema, ou aquela que fornece maior montante de energia para suprir as demandas e perdas de uma rede elétrica. Esta barra possui dupla finalidade, sendo a primeira especificar valores de tensão e ângulo que serão adotados como referência para a análise do sistema, e a segunda função é fechar o balanço de potência gerada, que deve ser igual ao somatório de potências demandas adicionadas às perdas da rede. Uma vez que a magnitude e ângulo são especificados para esta barra, são calculados para ela os valores de potência ativa e reativa ao final da execução do fluxo de potência. Em um sistema de distribuição de energia elétrica, a subestação é geralmente adotada como barra de referência.

- Barra PV: representa essencialmente as barras nas quais unidades geradoras despacháveis são conectadas, incluindo geradores a diesel, usinas hidrelétricas e termoelétricas com geradores e/ou compensadores síncronos. Esta barra possui valores especificados de potência ativa e magnitude de tensão terminal a qual é controlada em um valor fixo. Para esta barra, é possível calcular os valores de potência reativa e ângulo de fase de tensão, os quais podem ser determinados na execução do fluxo de potência.

- Barra PQ: representa essencialmente as barras de carga do sistema, nas quais apenas consumidores estão conectados, sendo os valores especificados as potências ativa e reativa delas. Potências injetadas no sistema por unidades geradoras não despacháveis (fazendas eólicas, usinas solares, usinas heliotérmicas) podem ser representadas como barras PQ, uma vez que não possuem controle de tensão. Para esse tipo de barra, é possível calcular por meio do fluxo de potência os valores de magnitude e ângulo.

Em suma, existem quatro variáveis possíveis para o estudo do fluxo de potência, sendo necessário especificar pelo menos duas delas para uma determinada barra do sistema a fim de caracterizar uma barra de referência, PV ou PQ. A partir dos valores especificados, calculam-se as variáveis elétricas calculáveis por meio de métodos de resolução apropriados.

Na Figura 2.4 deste livro, um sistema de 4 barras é representado. No diagrama unifilar simplificado, a barra 1 é adotada como referência angular, a barra 4 é uma PV de geração e as demais barras são PQ.

Para um determinado sistema elétrico de potência, é possível estabelecer a seguinte relação fundamental, em que V representa o vetor contendo todas as tensões em cada barra do sistema e **I** o vetor de correntes correspondentes. A matriz de admitância nodal é representada por [**Y**].

$$\mathbf{V}=[\mathbf{Y}]^{-1}\mathbf{I}$$

Caso as cargas do sistema fossem modeladas apenas por correntes constantes, a equação mencionada serviria para calcular diretamente as tensões em cada barra do sistema, mas não é o caso das redes elétricas cujas cargas são especificadas por injeções de potência demandadas.

Por isso, é necessário estabelecer a relação entre as variáveis de estado a serem calculadas pelo fluxo de potência com os valores de potências ativa e reativa, as quais devem ser escritas em função das tensões em cada barra do sistema.

A relação entre tensão e potência é não linear, sendo possível estabelecê-las por meio das equações em que as partes reais e imaginárias da potência complexa servem para determinar os valores das respectivas potências ativa e reativa em uma determina barra *k* do sistema:

$$P_k = real\left\{\dot{V}_k\left(\dot{I}_k\right)^*\right\}$$

$$Q_k = imag\left\{\dot{V}_k\left(\dot{I}_k\right)^*\right\}$$

Analogamente, pode-se determinar os valores das potências passantes em uma linha de transmissão/distribuição conectando a barra k à barra m.

$$P_{km} = real\left\{\dot{V}_k\left(\dot{I}_{km}\right)^*\right\}$$

$$Q_{km} = imag\left\{\dot{V}_k\left(\dot{I}_{km}\right)^*\right\}$$

A corrente injetada em uma barra será igual ao somatório das correntes que incidem naquele nó, incluindo a corrente injetada por algum elemento *shunt* conectada a ela:

$$\dot{I}_k + \dot{I}_k^{shunt} = \sum_{m\in K} \dot{I}_{km}$$

A partir dessas informações, é possível calcular as partes real e imaginária das equações algébricas, chegando nas seguintes expressões, em que G_{km} e B_{km} são a condutância e susceptâncias da linha:

$$P_k(\mathbf{V},\boldsymbol{\theta}) = V_k \sum_{m\in K} V_m (G_{km}\cos(\theta_{km}) + B_{km} sen(\theta_{km}))$$

$$Q_k(\mathbf{V},\boldsymbol{\theta}) = V_k \sum_{m\in K} V_m (G_{km}\mathrm{sen}(\theta_{km}) - B_{km} cos(\theta_{km}))$$

$$Q_{km}(\mathbf{V},\boldsymbol{\theta}) = -V_k^2(B_{kk} + B_{km}) + V_k V_k V_m (G_{km}\mathrm{sen}(\theta_{km}) - B_{km} cos(\theta_{km}))$$

$$P_{km}(\mathbf{V},\boldsymbol{\theta}) = V_k^2(G_{kk} + G_{km}) - V_k V_m (G_{km}\cos(\theta_{km}) + B_{km} sen(\theta_{km}))$$

$$\theta_{km} = \theta_k - \theta_m$$

Uma definição importante para a execução do fluxo de potência é a potência líquida em uma barra, que será igual ao montante gerado menos o montante demandado, conforme estabelecido a seguir:

$$P_k^{liq} = P_{g,k} - P_{d,k}$$

$$Q_k^{liq} = Q_{g,k} - Q_{d,k}$$

Observe que, a partir dos valores especificados de potências líquidas em todas as barras de carga e geração do sistema, seria possível calcular as tensões fasoriais do sistema por meio das equações que regem o fluxo de potência. Entretanto, tal tarefa não é trivial, uma vez que as equações algébricas contêm expressões não lineares e são transcendentais, necessitando métodos numéricos para se determinar a solução como Gauss-Seidel e Newton-Raphson.

Para determinar os valores de tensão em coordenadas polares, é necessário minimizar a diferença entre os valores especificados de potências e as grandezas correspondentes calculadas em função das variáveis do problema (magnitudes e ângulos de tensão), sendo os resíduos definidos, respectivamente, por:

$$\Delta P_k = \left(P_{g,k} - P_{d,k}\right) - P_k\left(\mathbf{V},\theta\right) = 0$$
$$\Delta Q_k = \left(Q_{g,k} - P_{d,k}\right) - Q_k\left(\mathbf{V},\theta\right) = 0$$

É importante ressaltar que o número total de resíduos de potência ativa será igual ao número de barras de carga PQ do sistema mais o número de barras PV dele, enquanto o número total de resíduos de potência reativa será igual ao número de barras de carga PQ. Tal fato resulta em um sistema composto de $2 * n_{pq} + n_{pv}$ equações algébricas, em que n_{pq} e n_{pv} são o número de barras PQ e PV, respectivamente.

Para garantir que a solução da igualdade seja mantida, o processo é resolvido por meio de Newton-Raphson, em que a resposta é obtida iterativamente a partir de valores adotados inicialmente para o vetor de variáveis de estados, sendo as tensões em cada barra definidas como 1 pu e os ângulos considerados como zero.

As equações algébricas são computadas de forma matricial, em que a matriz jacobiana $[\mathbf{J}_{ac}]$ estabelece as sensibilidades entre o vetor de variáveis relacionadas às potências especificadas, **ΔY**, e as variáveis de estado operativo, **ΔX**, contempladas pelos valores de magnitudes e ângulos de tensão.

$$\begin{bmatrix} \Delta\mathbf{P} \\ \Delta\mathbf{Q} \end{bmatrix} = \begin{bmatrix} \mathbf{J}_{\mathbf{P},} & \mathbf{J}_{\mathbf{Q},} \\ \mathbf{J}_{\mathbf{PV}} & \mathbf{J}_{\mathbf{QV}} \end{bmatrix} \begin{bmatrix} \Delta\theta \\ \Delta\mathbf{V} \end{bmatrix}$$
$$\left[\Delta\mathbf{Y}\right] = \left[\mathbf{J}_{\mathbf{ac}}\right].\left[\Delta\mathbf{X}\right]$$

em que **ΔP** e **ΔQ** representam todos os resíduos de potência ativa e reativa definidas para todas as barras **PV** e **PQ** do sistema; **Δθ** e **ΔV** são os respectivos resíduos de ângulo e tensão nodais.

As submatrizes $\mathbf{J}_{P\theta}$, $\mathbf{J}_{PV}$, $\mathbf{J}_{Q\theta}$ e $\mathbf{J}_{QV}$ representam as derivadas parciais de potências ativas/reativas em relação aos ângulos e magnitudes de tensão, determinadas por:

- Elementos de $\mathbf{J}_{P\theta}$:

$$\frac{dP_k}{d\theta_k} = \sum_{m \in K} V_k V_m \left(-G_{km} sen\left(\theta_{km}\right) + B_{km}\cos\left(\theta_{km}\right)\right) - V_k^{\,2} B_{kk}$$

$$\frac{dP_k}{d\theta_m} = V_k V_m \left(G_{km} sen\left(\theta_{km}\right) - B_{km}\cos\left(\theta_{km}\right)\right)$$

- Elementos de J_{PV}:

$$\frac{dP_k}{dV_k} = \sum_{m \in K} V_m \left(G_{km} cos(\theta_{km}) + B_{km} \text{sen}(\theta_{km}) \right) - V_k G_{kk}$$

$$\frac{dP_k}{dV_m} = V_k \left(G_{km} cos(\theta_{km}) + B_{km} \text{sen}(\theta_{km}) \right)$$

- Elementos de $J_{Q\theta}$:

$$\frac{dQ_k}{d\theta_k} = \sum_{m \in K} V_k V_m \left(G_{km} cos(\theta_{km}) + B_{km} \text{sen}(\theta_{km}) \right) - V_k^2 G_{kk}$$

$$\frac{dQ_k}{d\theta_m} = V_k V_m \left(-G_{km} cos(\theta_{km}) - B_{km} \text{sen}(\theta_{km}) \right)$$

- Elementos de J_{QV}:

$$\frac{dQ_k}{dV_k} = \sum_{m \in K} V_m \left(G_{km} sen(\theta_{km}) - B_{km} \cos(\theta_{km}) \right) - V_k B_{kk}$$

$$\frac{dQ_k}{dV_m} = V_k \left(G_{km} sen(\theta_{km}) - B_{km} \cos(\theta_{km}) \right)$$

A matriz jacobiana J_{ac} é calculada a cada iteração a partir da inicialização das variáveis de magnitudes e ângulos de tensão até que a tolerância, *tol*, adotada para convergência seja satisfeita (max($\mathbf{\Delta Y}$)≤*tol*). Neste caso, o máximo valor dos resíduos de potências ativas e reativas deve ser menor que um limite tipicamente usado de 0,001 pu. Geralmente, para casos simples e sistemas estáveis, o fluxo de potência fornece solução numérica após 3 iterações.

No processo iterativo, primeira calculam-se os valores das derivadas parciais a fim de determinar a matriz jacobiana a partir da pressuposição de que todas as magnitudes são 1 pu e os ângulos são nulos. Uma vez que as impedâncias da rede são conhecidas, é possível determinar o valor de cada derivada que compõe a jacobiana.

O vetor contendo os resíduos de variáveis, $\mathbf{\Delta X}$, é obtido a partir da inversão da matriz jacobiana:

$$\mathbf{\Delta X^{it}} = \left[\mathbf{J_a^{\mathit{it}}} \right]^{-1} \quad \mathbf{\Delta Y^{it}}$$

As variáveis são atualizadas da seguinte forma:

$$V_k^{it+1} = V_k^{it} + \Delta V_k^{it}$$
$$\theta_k^{it+1} = \theta_k^{it} + \Delta \theta_k^{it}$$

Uma vez atual izados os valores de magnitude e ângulo de tensão, pode-se calcular novamente os valores de potências ativas e reativas empresas em função deles, sendo possível determinar o valor de ΔY^{it+1}. Caso ele não esteja abaixo da tolerância adotada, repete-se o processo até atingir convergência.

A estrutura de formação do método de Newton-Raphson permite incluir variáveis de controle como a potência reativa Q_{ce} em uma barra *ce* específica de controle a ser calculada a fim de manter a tensão V_{cd} em uma barra controlada *cd*, com valor especificado (por exemplo, 0,98 pu) conforme estabelecido pela matriz jacobiana expandida a seguir:

$$\begin{bmatrix} \Delta \mathbf{P} \\ \Delta \mathbf{Q} \\ \Delta \boldsymbol{V}_{cd} \end{bmatrix} = \begin{bmatrix} \mathbf{J}_{\mathbf{P}.} & \mathbf{J}_{\mathbf{Q}.} & J_{V\theta} \\ \mathbf{J}_{\mathbf{PV}} & \mathbf{J}_{\mathbf{QV}} & J_{VV} \\ J_{PQ} & J_{QQ} & J_{VQ} \end{bmatrix} \begin{bmatrix} \Delta \theta \\ \Delta \mathbf{V} \\ \Delta \boldsymbol{Q}_{ce} \end{bmatrix}$$

A atualização das variáveis de estados é dada de forma similar ao método tradicional, sendo:

$$\begin{aligned} V_k^{it+1} &= V_k^{it} + \Delta V_k^{it} \\ \theta_k^{it+1} &= \theta_k^{it} + \Delta \theta_k^{it} \\ Q_{ce}^{it+1} &= Q_{ce}^{it} + \Delta Q_{ce}^{it} \end{aligned}$$

Neste caso, o fluxo de potência demanda maior esforço computacional, sendo comum a convergência se dar em um número maior de iterações, por exemplo, 6 iterações.

Outra variação possível de se estabelecer é a inclusão da variável calculável frequência em Hz, a qual deve ser computada principalmente em fluxos de potência aplicados em microrredes isoladas, conforme estabelecido a seguir:

$$\begin{bmatrix} \Delta \mathbf{P} \\ \Delta \mathbf{Q} \\ \Delta \theta \end{bmatrix} = \begin{bmatrix} \mathbf{J}_{\mathbf{P}.} & \mathbf{J}_{\mathbf{Q}.} & J_{\theta\theta} \\ \mathbf{J}_{\mathbf{PV}} & \mathbf{J}_{\mathbf{QV}} & J_{\theta V} \\ J_{Pf} & J_{Qf} & J_{\theta f} \end{bmatrix} \begin{bmatrix} \Delta \theta \\ \Delta \mathbf{V} \\ \Delta \boldsymbol{f} \end{bmatrix}$$

É interessante notar que, neste caso, é comum representar as potências geradas $P_{g,k}$ e $Q_{g,k}$ calculadas em função de suas características de queda de frequência e tensão, em tradução livre da expressão inglesas *frequency and voltage droop control characteristics.* As equações a seguir expressam tal relação, em que K_f K_v são constantes características de cada máquina que representam sua regulação primária e relação entre as variáveis de controle e a geração:

$$P_{g,k} = P_{g,k}^0 + K_f \left(f - f^0 \right)$$

$$Q_{g,k} = Q_{g,k}^0 + K_v \left(V_k - V_k^0 \right)$$

Os índices *0* denotam, respectivamente, as condições nominais especificadas para a unidade geradora operar em valores padronizados específicos de cada sistema como 60 Hz, no caso do Brasil.

Note-se também que, nesta formulação, a variável angular de uma barra de referência é adotada como valor especificado a fim de fechar o balanço entre carga e geração, sendo uma vantagem desta abordagem a consideração de que qualquer barra pode assumir o papel de referência angular para o sistema a ter sua frequência controlada.

Para um exemplo de aplicação do método tradicional simples de fluxo de potência, considere o sistema de 2 barras representado pela Figura 5.24:

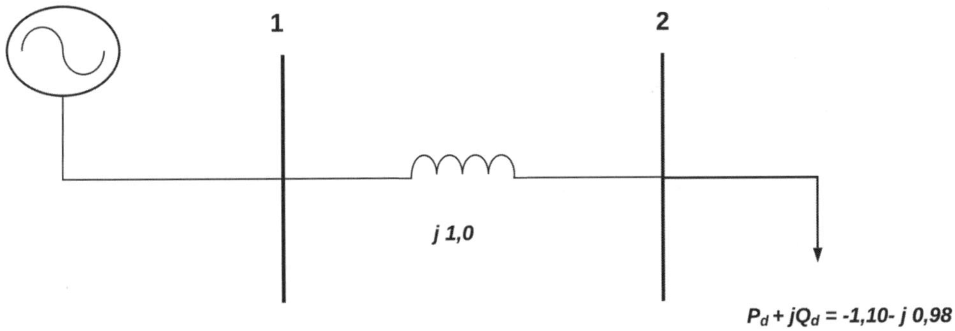

Figura 5.24 – Exemplo tutorial de 2 barras.

A barra 1 é adotada como referência angular. A barra 2 é uma barra de carga com potências demandadas ativas e reativas iguais a -1,10 e - 0,98 pu, respectivamente. Além disso, a linha de transmissão possui resistência desprezível e reatância no valor de j 1,0 pu.

Considere, adicionalmente, que na barra 2 existe um valor de potência gerada igual a 1,05 pu, o que resulta no valor de potência ativa líquida especificada na barra de - 0,05 pu e potência reativa especificada de - 0,98 pu.

Para se aplicar o método tradicional do fluxo de potência neste sistema, é necessário saber quais são as variáveis a serem calculadas. Neste caso, tensão e ângulo da barra 1 já são especificados para a barra de referência. Entretanto, deseja-se calcular as tensões e ângulos da barra 2, sendo, portanto, duas variáveis a serem calculadas iterativamente usando Newton-Raphson.

O primeiro passo é inicializar as variáveis com valores iguais a 1 pu e ângulos nulos. Posteriormente, calculam-se as potências ativas e reativas na barra em função das variáveis, sabendo-se que a condutância é zero e susceptâncias é 1 pu pelos valores dados de impedância da linha:

$$P_k(\mathbf{V},\boldsymbol{\theta}) = V_k \sum_{m \in K} V_m (G_{km} \cos(\theta_{km}) + B_{km} sen(\theta_{km}))$$

$$P_2 = V_2 V_1 \left(B_{1.2} sen(\theta_2 - \theta_1)\right) = 1.1.\left(1.sen(0)\right) = 0$$

$$Q_k(\mathbf{V},\boldsymbol{\theta}) = V_k \sum_{m \in K} V_m (G_{km} \text{sen}(\theta_{km}) - B_{km} cos(\theta_{km}))$$

$$Q_2 = -V_2 V_1 \left(B_{1,2} cos(\theta_2 - \theta_1)\right) = -1.1.\left(1.cos(0)\right) = -1$$

A partir dos valores calculados de potências, verificam-se a diferenças entre eles e os valores especificados correspondentes:

$$\Delta P_2 = \left(P_{g,2} - P_{d,2}\right) - P_2(\mathbf{V},\theta) = 0,05 - 0 = 0,05$$

$$\Delta Q_2 = \left(Q_{g,2} - Q_{d,2}\right) - Q_2(\mathbf{V},\theta) = -0,98 - (-1) = 0,02$$

Como o máximo resíduo calculado é superior a uma tolerância desejável de 0,005, o processo iterativo deve ser efetuado para se determinar os valores das variáveis. Portanto, calcula-se o sistema matricial a seguir:

$$\begin{bmatrix} \Delta P_2 \\ \Delta Q_2 \end{bmatrix} = \begin{bmatrix} \mathbf{J}_{\mathbf{P},} & \mathbf{J}_{\mathbf{Q}\theta} \\ \mathbf{J}_{\mathbf{PV}} & \mathbf{J}_{\mathbf{QV}} \end{bmatrix} \begin{bmatrix} \Delta \theta_2 \\ \Delta V_2 \end{bmatrix}$$

Para se determinar os elementos formantes da jacobiana, é necessário calcular as derivadas parciais das potências em relação às variáveis:

$$\frac{dP_2}{d\theta_2} = V_2 V_1 B_{km} \cos(\theta_2 - \theta_1) = 1$$

$$\frac{dP_k}{dV_k} = V_2 V_1 B_{km} \text{sen}(\theta_2 - \theta_1) = 0$$

$$\frac{dQ_2}{d\theta_2} = V_2 V_1 B_{km} \text{sen}(\theta_2 - \theta_1) = 0$$

$$\frac{dQ_2}{dV_2} = -V_2 V_1 B_{km} \cos(\theta_2 - \theta_1) = -1$$

Seguindo para a resolução:

$$\begin{bmatrix} \Delta \theta_2 \\ \Delta V_2 \end{bmatrix} = \begin{bmatrix} \mathbf{J}_{\mathbf{P},} & \Delta \mathbf{J}_{\mathbf{Q}\theta} \\ \mathbf{J}_{\mathbf{PV}} & \Delta \mathbf{J}_{\mathbf{QV}} \end{bmatrix}^{-1} \begin{bmatrix} \Delta P_2 \\ \Delta Q_2 \end{bmatrix} \begin{bmatrix} \theta_2 \\ V_2 \end{bmatrix} = \begin{bmatrix} 1 & 0 \\ 0 & -1 \end{bmatrix}^{-1} \begin{bmatrix} 0,05 \\ 0,02 \end{bmatrix} = \begin{bmatrix} 0,05 \\ -0,02 \end{bmatrix}$$

Atualizam-se as variáveis de estado:

$$V_2^{it+1} = V_2^{it} + \Delta V_2^{it} = 1 - 0,02 = 0,98$$
$$\theta_2^{it+1} = \theta_2^{it} + \Delta\theta_2^{it} = 0 + 0,05 = 0,05$$

Para a segunda iteração, deve-se recalcular os valores de potências com os valores de tensões atualizados anteriormente:

$$P_2 = V_2V_1\left(B_{1.2}sen\left(\theta_2 - \theta_1\right)\right) = 0,98.1.\left(1.sen\left(0,05\right)\right) = 0,0490$$

$$Q_2 = -V_2V_1\left(B_{1,2}cos\left(\theta_2 - \theta_1\right)\right) = -0,98.1.\left(1.cos\left(0,05\right)\right) = -0,9788$$

Calculam-se novamente os resíduos:

$$\Delta P_2 = \left(P_{g,2} - P_{d,2}\right) - P_2\left(\mathbf{V},\theta\right) = 0,05 - 0,0490 = 0,001$$
$$\Delta Q_2 = \left(Q_{g,2} - Q_{d,2}\right) - Q_2\left(\mathbf{V},\theta\right) = -0,98 - \left(-0,9788\right) = 0,0012$$

Como os resíduos estão abaixo da tolerância, o processo converge, sendo a tensão na barra 2 igual a 0,98 pu com um ângulo de 2,86 graus.

APÊNDICE B: MÉTODO DE INJEÇÃO DE CORRENTES

O uso de coordenadas polares é muito comum e adotado para análise em sistemas de potência de alta tensão com topologia malhada. Entretanto, para redes de distribuição de média e baixa tensão, é comum adotar outras metodologias, como o método da varredura estabelecido por queda de tensão, que atendam às necessidades das características intrínsecas dos alimentadores, como topologia radial, relação X/R diferentes dos sistemas de transmissão, o que afeta a esparsidade e condicionamento numérico das matrizes jacobianas do fluxo de potência tradicional.

Se as cargas do sistema pudessem ser representadas ou calculadas como correntes especificadas em relação às tensões, seria possível desenvolver uma metodologia cuja matriz jacobiana fosse muito similar à matriz de admitância nodal do sistema, o que permitiria que seus valores não fossem atualizados com tanta frequência, facilitando o processo de convergência e aumentando a robustez do algoritmo.

Pensando nessa necessidade, o denominado Método de Injeção de Correntes (MIC) foi desenvolvido [74]. Para isso, é necessário estabelecer como variáveis de estados as tensões nas barras do sistema em coordenadas retangulares separadas em parte real e imaginária, respectivamente denotadas por V_k^r e V_k^m.

A fim de calcular valores de correntes injetadas em cada barra do sistema a partir dos valores de potência líquida especificados, é possível utilizar a seguinte expressão:

$$\dot{I}_k = \frac{P_k - jQ_k}{\dot{V}_k}$$

Dividindo-se em partes real e imaginária, tem-se:

$$I_k^r = \frac{P_k V_k^r + Q_k V_k^m}{\left(V_k^r\right)^2 + \left(V_k^m\right)^2}$$

$$I_k^m = \frac{P_k V_k^m - Q_k V_k^r}{\left(V_k^r\right)^2 + \left(V_k^m\right)^2}$$

A forma de calcular as correntes injetadas em função das tensões em coordenadas retangulares se dá a partir da equação básica que estabelece os valores de tensão e corrente em todas as barras do sistema a partir das matrizes de condutância **G** e susceptâncias **B** nodais:

$$\begin{bmatrix} \mathbf{I^m} \\ \mathbf{I^r} \end{bmatrix} = \begin{bmatrix} \mathbf{B} & \mathbf{G} \\ \mathbf{G} & -\mathbf{B} \end{bmatrix} \begin{bmatrix} \mathbf{V^r} \\ \mathbf{V^m} \end{bmatrix}$$

De maneira linear, pode-se estabelecer as seguintes relações para cálculo de correntes em cada barra do sistema em função das tensões:

$$I_k^r\left(\mathbf{V^r},\mathbf{V^m}\right) = \sum_{m\in K} G_{km}V_k^r - B_{km}V_k^m$$

$$I_k^m\left(\mathbf{V^r},\mathbf{V^m}\right) = \sum_{m\in K} G_{km}V_k^m + B_{km}V_k^r$$

A corrente injetada calculada baseada nos valores especificados de potências menos os respectivos valores de corrente calculadas em função das tensões definirá os resíduos de corrente, em coordenadas retangulares, os quais devem ser igualados a zero para que a solução do fluxo de potência seja determinada:

$$\Delta I_k^r = \frac{P_k V_k^r + Q_k V_k^m}{\left(V_k^r\right)^2 + \left(V_k^m\right)^2} - \sum_{m\in K} G_{km}V_k^r - B_{km}V_k^m = 0$$

$$\Delta I_k^m = \frac{P_k V_k^m - Q_k V_k^r}{\left(V_k^r\right)^2 + \left(V_k^m\right)^2} - \sum_{m\in K} G_{km}V_k^m + B_{km}V_k^r = 0$$

A fim de determinar as tensões em coordenadas retangulares, calcula-se a jacobiana que relaciona as tensões e correntes conforme estabelecido a seguir:

$$\begin{bmatrix} \mathbf{\Delta I^m} \\ \mathbf{\Delta I^r} \end{bmatrix} = \begin{bmatrix} \mathbf{J}_{11} & \mathbf{J}_{12} \\ \mathbf{J}_{21} & \mathbf{J}_{22} \end{bmatrix} \begin{bmatrix} \mathbf{\Delta V^r} \\ \mathbf{\Delta V^m} \end{bmatrix}$$

$$\left[\mathbf{\Delta I}\right] = \left[\mathbf{J_{ac}}\right]\left[\mathbf{\Delta V}\right]$$

A vantagem dessa formulação é que os elementos fora da diagonal da jacobiana são constantes, sendo que apenas os elementos das diagonais precisam ser atualizados a cada iteração, poupando esforço computacional e garantindo robustez ao algoritmo.

A solução é obtida por Newton-Raphson, considerando os valores iniciais de tensões iguais a 1 pu e seus ângulos como sendo nulos.

$$\begin{bmatrix} \mathbf{\Delta V^m} \\ \mathbf{\Delta V^r} \end{bmatrix}^{\mathbf{it}} = \begin{bmatrix} \mathbf{J}_{11} & \mathbf{J}_{12} \\ \mathbf{J}_{21} & \mathbf{J}_{22} \end{bmatrix}^{it} \begin{bmatrix} \mathbf{\Delta I^r} \\ \mathbf{\Delta I^m} \end{bmatrix}^{it}$$

Iterativamente, os valores de tensão são atualizados a fim de se obter a resposta, até que uma tolerância seja atingida para convergência.

As atualizações são de acordo com as seguintes equações, para cada barra do sistema.

$$V_k^{r,it+1} = V_k^{r,it} + \Delta V_k^{r,it}$$
$$V_k^{m,it+1} = V_k^{m,it} + \Delta V_k^{m,it}$$

As variações desta metodologia incluem adaptações para desenvolvimento do método de injeção de correntes para sistema trifásicos, para cômputo de harmônicas e para sistemas a quatro fios envolvendo o fio neutro [75]. Além disso, permite inclusão de variáveis de controle para calcular valores de frequência em sistemas com baixa inércia e microrredes ilhadas.

Para a aplicação em análise harmônica, as correntes calculadas em pu são obtidas por meio de espectros harmônicos de cada carga não linear. Uma vez computadas, elas podem ser divididas em partes real e imaginárias especificadas para cada ordem harmônica, conforme mostrado em:

$$I_k^{r,h} = I_k^h.\cos\left(\delta_{km}^h\right)$$
$$I_k^{m,h} = I_k.^h sen\left(\delta_{km}^h\right)$$

A fim de calcular as correntes em função das variáveis de estados (tensões) em coordenadas retangulares, utilizam-se as expressões em que $G_{\mathrm{km}}^{\mathrm{h}}$ e $B_{\mathrm{km}}^{\mathrm{h}}$ são os valores de condutâncias e susceptâncias de uma linha:

$$I_k^{r,h}\left(\mathbf{V^{r,h}}, \mathbf{V^{m,h}}\right) = \sum_{m \in K} G_{km}^h V_k^{r,h} - B_{km}^h V_k^{m,h}$$
$$I_k^{m,h}\left(\mathbf{V^{r,h}}, \mathbf{V^{m,h}}\right) = \sum_{m \in K} G_{km}^h V_k^{m,h} + B_{km}^h V_k^{r,h}$$

Os resíduos são calculados para cada ordem harmônica como:

$$\Delta I_k^{r,h} = I_k^{r,h} - \sum_{m \in K} G_{km}^h V_k^{r,h} - B_{km}^h V_k^{m,h} = 0$$
$$\Delta I_k^{m,h} = I_k^{m,h} - \sum_{m \in K} G_{km}^h V_k^{m,h} + B_{km}^h V_k^{r,h} = 0$$

A resolução por Newton-Raphson se dá mediante o sistema matricial:

$$\begin{bmatrix} \Delta \mathbf{I}^1 \\ \Delta \mathbf{I}^2 \\ \vdots \\ \Delta \mathbf{I}^H \end{bmatrix} = \begin{bmatrix} \boldsymbol{J}_{11} & \boldsymbol{J}_{12} & \cdots & \boldsymbol{J}_{1H} \\ \boldsymbol{J}_{21} & \boldsymbol{J}_{22} & \cdots & \boldsymbol{J}_{2H} \\ \vdots & \vdots & \ddots & \vdots \\ \boldsymbol{J}_{H1} & \boldsymbol{J}_{H2} & \cdots & \boldsymbol{J}_{HH} \end{bmatrix} . \begin{bmatrix} \Delta \mathbf{V}^1 \\ \Delta \mathbf{V}^2 \\ \vdots \\ \Delta \mathbf{I}^H \end{bmatrix}$$

Sendo os resíduos indicados iguais a:

$$[\Delta I]^h = \left[\Delta \mathbf{I}^{r,h}, \Delta \mathbf{I}^{m,h}\right]$$

$$[\Delta V]^h = \left[\Delta \mathbf{V}^{r,h}, \Delta \mathbf{V}^{m,h}\right]$$

Dessa forma, é possível considerar a interação entre as harmônicas existentes no sistema e a frequência fundamental, sendo todas calculadas em uma formulação completa, denominada, neste caso, de método de injeção de correntes harmônicas com cálculo iterativo [76].

GRÁFICA PAYM
Tel. [11] 4392-3344
paym@graficapaym.com.br